Teng Jiang

Ein Beitrag zur Stabilitätsbetrachtung in Umrichter-dominierten Verteilernetzen

Ilmenauer Beiträge zur elektrischen Energiesystem-, Geräte- und Anlagentechnik (IBEGA)

Herausgegeben von
Univ.-Prof. Dr.-Ing. Dirk Westermann
(Fachgebiet Elektrische Energieversorgung) und
Univ.-Prof. Dr.-Ing. Frank Berger
(Fachgebiet Elektrische Geräte und Anlagen)
an der Technischen Universität Ilmenau.

Band 30

Teng Jiang

Ein Beitrag zur Stabilitätsbetrachtung in Umrichter-dominierten Verteilernetzen

Universitätsverlag Ilmenau
2021

Impressum

Bibliografische Information der Deutschen Nationalbibliothek
Die Deutsche Nationalbibliothek verzeichnet diese Publikation in der Deutschen Nationalbibliografie; detaillierte bibliografische Angaben sind im Internet über http://dnb.d-nb.de abrufbar.

Diese Arbeit hat der Fakultät für Elektrotechnik und Informationstechnik der Technischen Universität Ilmenau als Dissertation vorgelegen.

Tag der Einreichung:	5. August 2019
1. Gutachter:	Univ.-Prof. Dr.-Ing. Dirk Westermann (Technische Universität Ilmenau)
2. Gutachter:	Dr.-Ing. Christian Becker (Technische Universität Hamburg)
3. Gutachter:	Dr.-Ing. Lijun Cai (Universität Rostock)
Tag der Verteidigung:	24. Februar 2020

Technische Universität Ilmenau/
Universitätsbibliothek **Universitätsverlag Ilmenau**
Postfach 10 05 65
98684 Ilmenau
http://www.tu-ilmenau.de/universitaetsverlag

ISSN 2194-2838
ISBN 978-3-86360-231-4 (Druckausgabe)
DOI 10.22032/dbt.46891
URN urn:nbn:de:gbv:ilm1-2020000539

Danksagung

Zuallererst möchte ich diese Arbeit meiner Familie widmen. Ohne eure ständige Unterstützung wäre dieser Abschluss nicht möglich gewesen. Mein besonderer Dank gilt meinem Doktorvater Professor Dr.-Ing. Westermann, der während meiner gesamten Studien- und Arbeitszeit im FG Elektrische Energieversorgung mir mit größtmöglichem Freiheitsgrad und fundierter fachlicher Unterstützung die Arbeit in einem kreativen Umfeld ermöglichte. Des Weiteren möchte ich mich bei Dr. Steffen Schlegel, Robert Schwerdfeger, Anne-Katrin Marten und Florian Sass für die Vielzahl an Ideen und Ratschlägen bedanken. Vielen Dank auch allen anderen Kolleginnen und Kollegen, Studierenden des Fachgebiets Elektrische Energieversorgung an der Technische Universität Ilmenau für den Gedankenaustausch und Inspiration.

Kurzfassung

Leistungselektronische Komponenten, wie beispielsweise Umrichter, dienen als Schnittstelle zwischen Versorgungsnetz und Einspeisung bzw. Last. Durch den Ausbau der erneuerbaren Energien gewinnen diese immer mehr an Bedeutung. Der Einfluss des Umrichters auf die Stabilität und die Betriebsführung des zukünftigen Verteilernetzes, welcher vor allem durch deren Regelstruktur und deren Regler Parameter bestimmt wird, nimmt dementsprechend stark zu. Um den weiteren Erfolg des Netzbetriebs gewährleisten zu können, ist eine gründliche Untersuchung der Wechselwirkung zwischen den parallel geschalteten Stromrichtern, in Bezug auf von Umrichtern dominierte Verteilernetze, erforderlich. Dabei besteht die Herausforderung darin, dass die numerische Komplexität der Simulation aufgrund der wachsenden Anzahl von Wechselrichtern stark wächst. Dies wird zusätzlich durch eine Nachbildung des überlagerten und untergeordneten Netzwerks verstärkt. Die Dimensionen des Netzes und die große Anzahl von Umrichtern bilden das Dilemma in der Simulation eines von Umrichtern dominierten Verteilernetzes.

Bezüglich dessen, widmet sich die vorliegende Arbeit zuerst der Nachbildung eines von Umrichtern dominierten Verteilernetzes und stellt eine neuartige Netzreduktionstechnik vor, die die Netzdynamik bei der Untersuchung der Kleinsignalstabilität, in Form von Übertragungsfunktion durch eine gesteuerte Spannungs- bzw. Stromquelle, in den unter- und überlagerten Netzen übertragen kann.

An Hand dieses neuen Simulationsmodells werden die Untersuchungen durchgeführt. Die Wechselwirkung von Umrichtern, sowie anderen Netzelementen wie z.B. Leitern, Verbrauchern und Transformatoren, wie auch unterschiedliche Netztopologien hinsichtlich ihrer Systemstabilität, werden analysiert. Die Untersuchung teilt sich in sogenannte intra- bzw. internet-Bezirke auf. Als Ergebnis dieser Arbeit ist festzuhalten, dass die Systemstabilität im Kleinsignalbereich, mit wachsender Anzahl und Einflussnahme der Umrichter, sinkt.

Weiterhin werden im Rahmen dieser Arbeit zwei Stabilisierungsmaßnahmen, zur Betriebsführung eines Wechselrichterverteilnetzes, entwickelt.

Die Maßnahme, „Stabilizer“, bietet sich für die Stabilisierung einer Anpassung der Regelstruktur des Umrichters, durch eine spannungsabhängige Zusatzsignalaufprägung zur Verbesserung der Systemeigenschaften bei Anregungen und Störungen, an. Die zweite Maßnahme dient dazu, die Parameter der kaskadierten Regler zu optimieren. Es wird ein dynamisches Konzept zur globalen Optimierung vorgeschlagen und durch Simulation validiert.

Abstract

Power electronic components, such as converters, serve as an interface between the power grid and the energy unit. With the expansion of renewable energy, these are becoming increasingly important. The influence of the inverter on the stability and operation of the future distribution grid will increase accordingly, which is mainly determined by their control structure and their controller parameters. In order to ensure the continued success of grid operation, a thorough investigation of the interaction between the parallel-connected converters in terms of inverter-dominated distribution grid is necessary. The challenge is that the numerical complexity of the simulation grows rapidly due to the growing number of inverters. And this is additionally reinforced by model of the superordinate and subordinate grid, in order to recreate their influence. The dimension of the network and the large number of inverters form the dilemma in the simulation of a converter-dominated distribution network, which cannot be modeled using the standard simulation method at present.

Considering these factors, the present work is first devoted to the simulation of an inverter-dominated distribution network, which presents a novel network reduction technique, which can transmit the network dynamics in the study of small signal stability in the form of transfer function by a controlled voltage or current source into the subordinate and superordinate grid. With the help this simulation model, the analysis is carried out, on the interaction of converters as well as to other grid elements like e.g. loads and transformers.

The research is divided into so-called intra- or inter- district interactions. As a result of the research, it should be noted that the system stability in the small signal range decreases with an increasing number of inverters. Furthermore, two stabilization measures for the operation of an inverter distribution grid are being developed within the scope of this thesis. The "Stabilizer" measure offers for stabilization an adaptation of the control structure of the converter by a voltage-dependent additional signal impulse to improve the system properties for excitations and disturbances. The second measure is to optimize the parameters of the cascaded controller. A dynamic concept for global optimization is proposed.

Inhaltsverzeichnis

1 Einleitung

In den vergangenen Jahren zeigt sich ein globaler Trend, hinsichtlich eines wachsenden Bewusstseins für Umwelt, in dessen Zuge der Klimaschutz und die Lösung des globalen Energieproblems an weltweiter Bedeutung gewonnen haben [1], [2]. Ein zukünftiges, umweltfreundliches und CO2-emissionsarmes Leben, erfordert ein Umdenken in der Politik und Energiewirtschaft. Deshalb hat sich die Europäische Union (EU) im Dezember 2008 auf ein Richtlinien- und Zielpaket geeinigt, in dem Zielvorgaben für Klimaschutz und Energieverbrauch bis 2020 festgeschrieben sind [3].

Im nationalen Umfeld wurden die europäischen Vorgaben, hinsichtlich des Ausstiegs der Förderung von dezentralen Energieerzeugungsanlagen, auf Basis des Erneuerbaren-Energien-Gesetzes (EEG) bzw. Kraft-Wärme-Kopplungs-Gesetzes (KWKG) umgesetzt [4], [5]. Weiterhin soll bis zum Jahre 2020 20 % weniger Treibhausgas, als im Jahr 2005, emittiert werden und der Anteil der erneuerbaren Energien (EE) am Bruttoendenergieverbrauch auf 20 % ansteigen [6] (siehe Abb. 1.1).

Für die klimapolitischen Ziele Deutschlands, sollen die nicht-nachhaltigen fossilen Energieträger sowie die Kernenergie allmählich durch eine nachhaltige Stromversorgung, mittels EE, z. B. Windenergieanlagen (WEA) und Photovoltaik (PV)-Anlagen, ersetzt werden [7]. So ist der Energieanteil der Stromerzeugung aus Sonne, Wind und Biomasse bis zum Jahr 2025 auf 40 - 45 %, bis zum Jahr 2035 auf 55 - 60 % und bis zum Jahr 2050 auf 80 % auszubauen. Bei den PV-Anlagen wird ein jährlicher Zubau von 2.500 MW (brutto) angestrebt, bei den WEA an Land ein jährlicher Zubau von 2.500 MW (netto) und bei den Offshore-WEA sollen 6.500 MW bis 2020 und 15.000 MW bis 2030 installiert werden. Bereits im vergangenen Jahr 2017 deckten die PV-Anlagen in Deutschland insgesamt ca. 6,9 % des Nettostromverbrauchs mit einer Energieerzeugung von 35,2 TWh. Die WEA produzierten im Jahr 2017 mit insgesamt 51,4 TWh ca. 10 % des deutschen Nettostromverbrauchs [8]–[10].

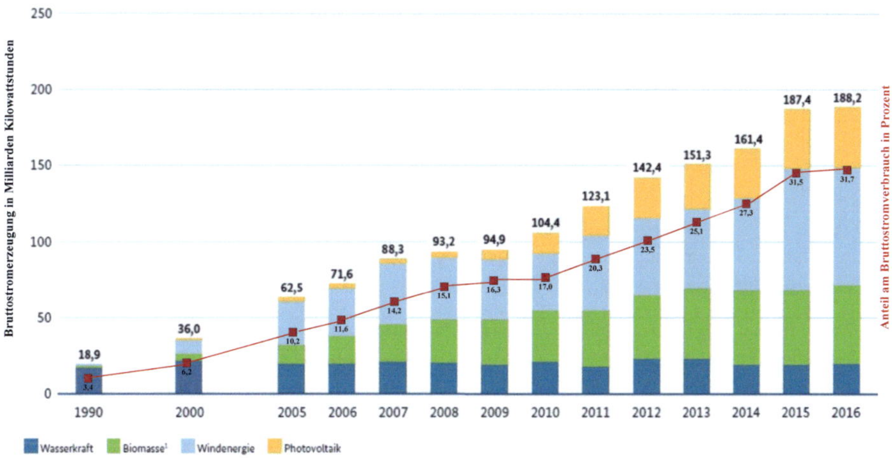

Abb. 1.1: Entwicklung der Stromerzeugung aus erneuerbaren Energien in Deutschland [5]

Im Zuge der Energiewende findet ein Paradigmenwechsel von einem konventionellen zentralen Versorgungssystem zu einem dezentralen Versorgungssystem mit Einspeisung von EE-Anlagen statt [11]–[13].

Hierbei befinden sich in Deutschland mehr als 76 % der gesamtinstallierten Leistung der EE in den Netzebenen 4-7. Davon sind über 90 % der gesamten installierten Leistung aus Photovoltaikanlagen und über 50 % aus Windkraftanlagen [14], [15].

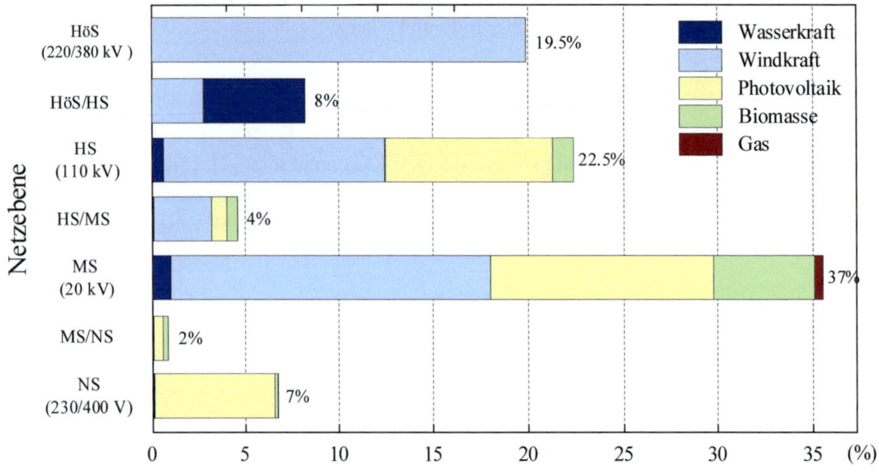

Abb. 1.2: Installierte Summenleistung in GW je EE-Typ und Netzebene für Deutschland (basierend auf den Daten aus [16], [17] Stand 2017)

In diesem Zusammenhang sind über 39,25 GW an installierter Leistung am Mittelspannungsnetz und mehr als 22 GW am Niederspannungsnetz angeschlossen (siehe **Abb. 1.2**). Unterdessen werden lastseitig ebenfalls neue Akteure, z. B. Elektroautos, im Alltag durch die klimapolitischen Ziele eingeführt. Im Bereich der Elektromobilität ist ein Markthochlauf in den kommenden Jahren zu erwarten, so dass bis 2020 mindestens eine Millionen Elektrofahrzeuge und bis 2030 sechs Millionen auf Deutschlands Straßen fahren sollen. Die zum erwarteten Durchdringen von Elektrofahrzeugen benötigte Ladeinfrastruktur wird ebenfalls in der Niederspannungsebene ausgebaut [18].

Sowohl der Ausbau von EE als auch der Ladeinfrastruktur von Elektrofahrzeugen wurde erst durch die Anwendungen der Umrichter-Technologien ermöglicht. Umrichter dienen als Schnittstelle zwischen Versorgungsnetz und Einspeisung bzw. Last. Somit spielen diese eine elementare Rolle für die Energiewende [19].

Mehrere Studien zeigen im Jahr 2015, dass bereits mehr als 80 % der Netzelemente in elektrischen Energienetzen über leistungselektronische Elemente angeschlossen waren. Schätzungen zufolge ist die Tendenz in den kommenden Jahren steigend [20]–[22]. Somit ist festgelegt, dass in Zukunft mehr Geräte, basierend auf leistungselektronischen Bauelemente (LEB), im elektrischen Verteilernetz eingeführt werden. Verteilernetze, mit einem hohen Anteil LEB-basierter Erzeuger und Lasten, werden heutzutage und auch in der Zukunft vor verschiedene Herausforderungen gestellt [5], [23], [24].

Aus den zuvor beschriebenen Aspekten lassen sich folgende Herausforderungen für den zukünftigen Betrieb von Verteilernetzen zusammenfassen:

- Wechselwirkungen zwischen aktiven Netzanschlusselementen im gleichen Netzbezirk und/oder benachbarten Netzen
- Resonanzrisiko durch überlagerte Regelungsschleifen ist ungeklärt.
- Durch die reduzierte Anlaufkonstante ist das Netz schwingungsanfälliger.
- Einfluss der zunehmenden dynamischen Elemente im Verteilnetz
- Simulationswerkzeuge für Umrichter-dominierte Netze großer Ausdehnung

1.1 Forschungsfragen

Das Teilgebiet der elektrischen Energiesysteme thematisiert Betrieb und Design von elektrischen Netzen und deren Komponenten. Das elektrische Netz wird übergeordnet betrachtet und auf der Komponentenebene werden diverse Vereinfachungen angewendet [25]. Wichtige Aspekte des Teilgebietes sind unteranderem die Netzstabilität, sowie die Qualität der elektrischen Energieversorgung [26]. Weitere wichtige Forschungsfelder sind der Netz- und Anlagenschutz, sowie der Netzbetrieb und die eingesetzte Netzleittechnik.

Im Gegensatz dazu, befasst sich das Teilgebiet der leistungselektronischen Systeme weniger mit dem übergeordneten elektrischen Energiesystem, sondern mehr mit den Subsystemen des Energiesystems, wie beispielsweise Umrichter oder FACTS-Geräten. Beim Design von Subsystemen, wie beispielsweise Wechselrichtern, wird vorwiegend das elektrische Energienetz als ein ideales Netz mit einer konstanten Spannungsquelle und konstanter Impedanz aufgefasst. Durch die Energiewende, und den dadurch vermehrten Einsatz von Umrichtern im elektrischen Energiesystem, ist eine gesamtheitliche Betrachtung des elektrischen Energiesystems mit den Subsystemen der Leistungselektronik erforderlich geworden [27]. Beispielsweise ist bei der Analyse der Netzstabilität in Verteilnetzen, aber auch in Übertragungsnetzen, die Umrichter induzierte Dynamik mit zu berücksichtigen [28]. Dies ist nur möglich, wenn ein detailliertes Umrichtermodell verwendet wird. Ferner ist bei der Reglerparametrierung von Umrichtern das gesamtheitliche Netz mit der inhärenten Dynamik relevant, um Interaktionen zwischen einzelnen Umrichtern und dem Netz beherrschen zu können [29], [30].

Parallelschalten mehrerer Umrichter ist sowohl für den Ausbau der erneuerbaren Energie als auch für den erhöhten Durchdringungsgrad der Ladeinfrastruktur der Elektrofahrzeuge, von großer Bedeutung. Aus Sicht des überlagerten Netzes sind die Umrichter wie eine Perlenkette angeordnet. Für den Netzbetrieb eines, von Umrichtern dominierten, Versorgungsnetzes entspricht dies einer starken Zunahme an Stromzweigen hinsichtlich der Topologie. Hinsichtlich der Netzstabilität steigt die Anzahl der Regelkreise. Die Steuerung des Umrichters erfolgt mittels PI- und PID-Regler in dq-Koordinaten, deren Integratoren, zusammen mit den Anschlussfiltern, Speichereffekte von Zustandsgrößen bewirken können [31]. Dies kann zu einer Resonanz sowohl bei dynamischen Vorgängen als auch bei stationären Zuständen führen. Als Folge können beispielsweise verkoppelte Schwingungen, Leistungsflussänderungen und Instabilität auftreten [32], [33]. Darüber hinaus können durch die parallele Anordnung der Umrichter in der Perlenkette ungedämpfte Resonanzstellen entstehen, welche durch Oberschwingungen, Änderung der Zustandsgrößen oder durch Arbeitspunktänderungen angeregt werden. Durch eine Anregung der ungedämpften Resonanzstellen kann es zu einem Kollaps des gesamten Netzes kommen. Ein solcher Einfluss auf die

Systemstabilität, der durch Resonanzstellen von Umrichtern und Netzelementen verursacht wird, wird im Rahmen dieser Arbeit als „Wechselwirkungen“ bezeichnet.

Wie in der Abb. 1.3 gezeigt, können die Wechselwirkungen im Wesentlichen in zwei Kategorien unterteilt werden. Erstens werden die durch das Netzwerkelement gebildeten Wechselwirkungen, die sich im selben Netzwerkbezirk befinden, als **Intranetzbezirkswechselwirkungen** bezeichnet. Der Stabilitätseinfluss, der durch ein überlagertes Netz gekoppelt ist und sich in einem anderen Netzbezirk befindet, wird als **Internetzbezirkswechselwirkung** bezeichnet.

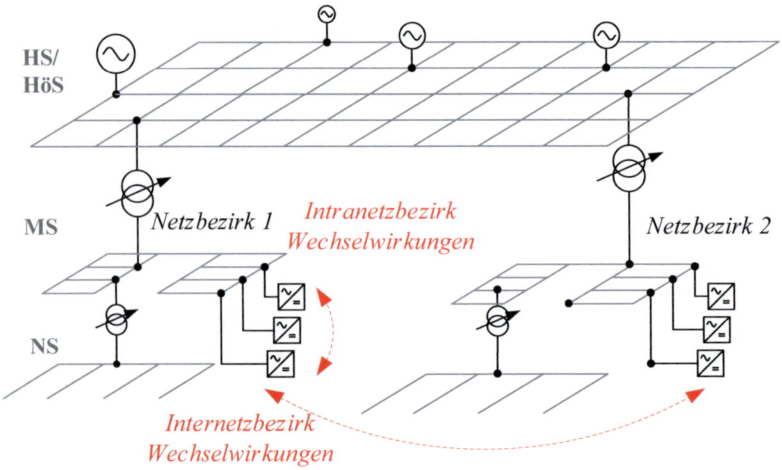

Abb. 1.3: Wechselwirkungen zwischen Umrichter[34]

Somit ergeben sich folgende Forschungsfragen für die vorliegende Arbeit:

***F1*: Gibt es Stabilitätsprobleme in Umrichter-dominierten Netzen?**

Zur Beantwortung der Kernforschungsfragen *F1* ergeben sich subgeordneten *Forschungsfragen F2 - F4*:

F2: *Welche Mechanismen wirken bei Instabilitätsvorgängen?*

Die vorliegende Arbeit widmet sich der simulativen Lösung der Stabilitätsuntersuchung für die von Umrichtern dominierten Verteilernetze, Daher wird weiterhin folgende Frage beantwortet:

F3: *Wie muss man Umrichter modellieren, um diese Untersuchungen durchführen zu können?*

Anschließend werden die Lösungen gesucht:

F4: *Wie kann der Wechselrichter eine positive Rolle in Bezug auf die Systemstabilität spielen?*

1.2 Vorgehen und Struktur der Arbeit

Die vorliegende Arbeit gliedert sich in 7 Kapitel.

Im ersten Kapitel wird in die Thematik eingeleitet und auf die Relevanz der Arbeit verwiesen.

Im Kapitel 2 erfolgt ein Überblick über den Stand der Forschung, dabei wird die Literatur zum Thema, Wechselwirkungen in von Umrichtern dominierten Verteilnetzen, strukturiert. Diverse Forschungsprojekte, im Zeitraum von 2016 bis 2020, werden vorgestellt und analysiert, ob dort Beiträge zur Beantwortung der hier zugrundeliegenden Forschungsfragen geleistet werden. Anschließend werden zunächst Komponenten und Klassifizierung der, in den unteren Spannungsebenen eingesetzten, Umrichter, sowie die Kommutierungsarten und Steuersätze vorgestellt, um eine Übersicht der Umrichter Technologie zu illustrieren. Weiterhin wird in Abschnitt 2.2 die Regelstruktur sowie die gewöhnliche Methode zur Reglerparametrierung vorgestellt.

Kapitel 3 widmet sich der typischen dynamischen Modellierung. Die nachfolgenden vier Modelle für Stromrichter können auch in die typischen Modellierungsebenen der elektrischen Energiesysteme eingeteilt werden. Zur Modellierung eines Stromrichters werden die Modelle auf folgenden Ebenen berücksichtigt [35]:

- Architekturebene
- Funktionsebene
- Verhaltensebene
- Komponentenebene

Die Vor- und Nachteile des Models werden im Hinblick auf deren nummerische Effizienz analysiert. Zur Nachbildung der umrichterdominierten Szenarien mit Berücksichtigung der über- und unterlagerten Netzen, stellt Abschnitt 3.2 eine Netzreduktionsmethode vor. In Abschnitt 3.3 erfolgt eine Aufarbeitung der Untersuchungsmethoden von Wechselwirkungen in einem umrichterdominierten Verteilnetz, mit Hinblick auf die Systemstabilität des elektrischen Energienetzes. Im Abschnitt 3.4 werden die Wechselwirkungen im umrichterdominierten Mittelspannungsverteilnetz simulativ, mit dem Ziel der Identifikation der Sensitivität der Systemstabilität, untersucht. Basierend auf diesen Ergebnissen, mit Bezug auf verschiedene Betriebssituationen denen parallele Umrichter ausgesetzt sind, werden die Anforderungen für den Entwurf von Stabilisierungsmaßnahmen ausgearbeitet.

Anschließend in Kapitel 4 wird ein Entwurf zur Stabilisierung von UR-WW umgesetzt. In Abschnitt 4.1 wird eine Möglichkeit vorgestellt, durch Beeinflussung der lokalen Regelkreisdynamik des Umrichters, die Systemstabilität des von Umrichter dominierten Vertriebsnetzes zu verbessern. Dieser Ansatz wird anhand von einem Dämpfungsglied im Regelkreis realisiert, fokussiert darauf lokale Schwingungen zu dämpfen. Dafür ist eine lokale Beobachtbarkeit am Anschlusspunkt des Umrichters erforderlich.

Für die kaskadierten Regelungstrecken bietet sich die adaptive und somit online-Anpassung zur arbeitspunktabhängigen Regler Parametrierung, mit dem Ziel der Systemstabilität, durch eine zuvor festgelegte Zielfunktion an. Weiterhin ist, bevor die neuen Regler Parameter gemäß der nach einer Zielfunktion ausgelegten Verfahren implementiert werden, eine Überprüfung der Stabilität der einzelnen Umrichter notwendig. In diesem Fall wird eine globale Optimierung vorgeschlagen, bei der der Einfluss der Spannung an jedem Netzwerkanschlusspunkt auf die Regelkreis-Parametrierung berücksichtigt wird.

Im Kapitel 5 erfolgt zunächst eine Zusammenfassung. Weiterhin wird ein Ausblick zu weiterführendem Forschungsbedarf gegeben.

2 Stand der Technik

Damit die Forschungsfragen beantwortet werden können, wird beim Stand der Technik auf den theoretischen Hintergrund eingegangen. Zuerst wird das Betriebsmittel Umrichter klassifiziert und auf die Topologie eingegangen. Nachfolgend wird die Regelstruktur eines Umrichters erläutert. Für die Nachbildung von Resonanzen ist eine detaillierte Modellierung des Regelkreises notwendig. Daher findet eine Einteilung in unter- und überlagerte Regelung statt. Anschließend wird auf die unterschiedlichen Umrichter Modelle eingegangen: detailliertes Modell, Schaltmodell, dynamisches Phasormodell und Mittelwertmodell. Die unterschiedlichen Modelltiefen werden erläutert und auf die einzelnen Anwendungsbereiche der Modelle eingegangen. Zusätzlich werden die mit den Modellen untersuchbaren Phänomene erläutert und jene erwähnt, die in den Modellklassen vernachlässigt werden. Darauffolgend wird auf die klassischen Stabilitätskriterien in elektrischen Netzen eingegangen: Rotorwinkelstabilität, Frequenzstabilität, Spannungsstabilität. Anschließend werden Stabilitätskriterien speziell für Umrichter dominierte Netze vorgestellt. Es wird auf analytische Verfahren für Klein- und Großsignalstabilität eingegangen. Ferner wird die Stabilitätsuntersuchung anhand eines Blackbox Modells beschrieben. Anschließend werden Standardalgorithmen vorgestellt. Abschließend wird ein Überblick über aktuelle Projekte mit dem Schwerpunkt auf der Analyse von umrichterdominierten Netzen gegeben. Die auf Basis allgemein verfügbarer Informationen analysierten Forschungs- und Entwicklungsprogramme umfassen den Zeitraum von 2016 bis 2020.

2.1 Umrichter Technologie

Die grundlegende Aufgabe der Umrichter ist die Umformung elektrischer Energie vom gegebenen Stromsystem in das jeweils gewünschte System, oft bei gleichzeitiger Bereitstellung von Eingriffsmöglichkeiten in den elektrischen Energiefluss. Spannung und Strom können dabei als Wechselgrößen (AC) einer bestimmten Frequenz oder als Gleichgrößen (DC) vorliegen.

In Abb. 2.1 sind die vier Schaltungsmöglichkeiten aufgezeigt, die die aufgeführten Grundfunktionen realisieren und vor Allem bei der Betrachtung des Verhaltens elektrischer Energiesysteme eine Rolle spielen [32], [36]. Eine Brückenschaltung verbindet zwei Energiequellen, die sowohl Gleich- als auch Wechselgrößen liefern können. Die unterschiedlichen, durch elektronische Ventile aufgebauten, Brückenschaltungen sind ebenfalls in Abb. 2.1 dargestellt.

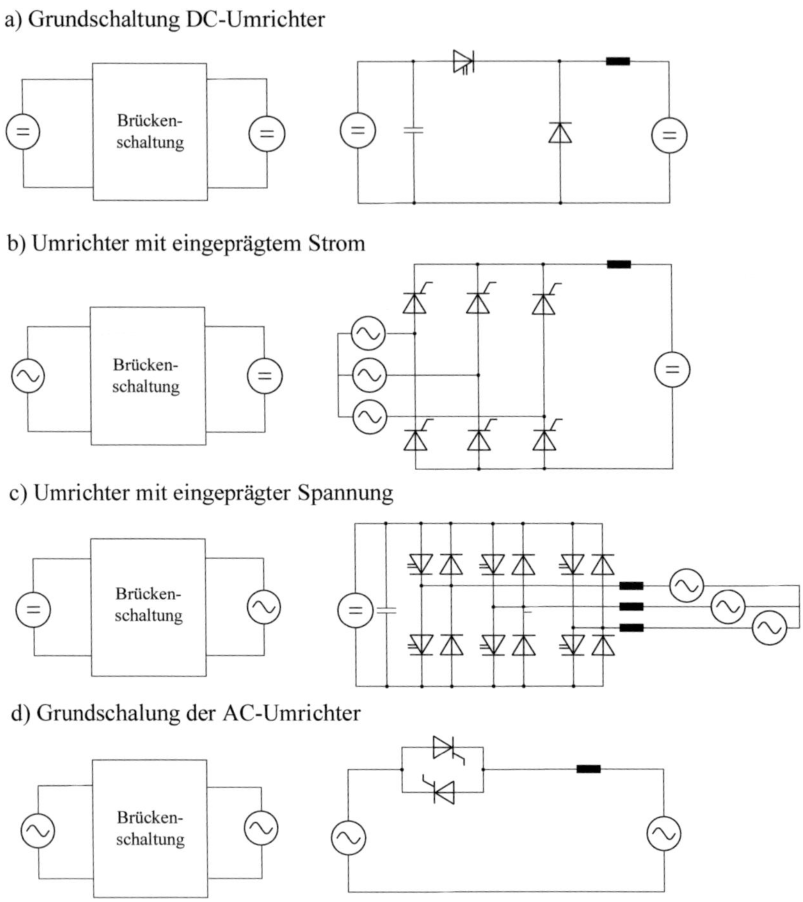

Abb. 2.1: Grundschaltung der Umrichter [34]

Im Folgenden werden die vier Möglichkeiten

- zwei Gleichgrößen-Energiequellen (Schaltung a))
- zwei Wechselgrößen-Energiequellen (Schaltung d))
- jeweils eine Gleich- und eine Wechselgrößen Energiequelle (Schaltungen b) und c))

näher erläutert.

Schaltung Abb. 2.1 a), bestehend aus zwei Gleichgrößen-Energiequellen, kann zwei Gleichspannungsquellen, oder eine Gleichspannungsquelle und eine Gleichstromquelle, mit der zugehörigen Brückenschaltung verbinden. Ein Gleichspannungswandler ist ein typisches Beispiel für diese Umrichter Grundschaltung.

Schaltung Abb. 2.1 d) kann zwei Wechselspannungsquellen, oder eine Wechselspannungs- und eine Wechselstromquelle, über die dazugehörige Brückenschaltung miteinander verbinden. Ein Anwendungsbeispiel des sogenannten AC-Umrichters ist der Wechselstromsteller.

Die Schaltungen Abb. 2.1b) und Abb. 2.1c) können als Gleich- bzw. Wechselrichter eingesetzt werden. Hier wird entweder eine Wechselgröße eingespeist und in eine Gleichgröße gewandelt oder umgekehrt. Schaltung b) ist ein Umrichter mit eingeprägtem Strom und beschreibt den Energiefluss von Wechsel- zu Gleichgröße. Schaltung c) beschreibt den Energiefluss von Gleich- zu Wechselgröße und wird als Umrichter mit eingeprägter Spannung bezeichnet. Diese vier Schaltungen sind die Basis von Umrichtern und haben durch Kombination und weiteren Veränderungen viele Varianten [37]. Wie die Brückenschaltungen in Abb. 2.1 zeigen, werden mehrere Dioden und Thyristoren zur Realisierung der Umrichter verwendet. In den nächsten Abschnitten werden diese Bauteile näher erläutert und die Schaltzeitpunkte dieser Bauteile über eine Periode analysiert.

Die Komponenten des Wechselrichters können in Stromsensoren, Steckverbindungen und den insulated-gate bipolar transistor (IGBT)-Stack aufgeteilt werden. Letzterer lässt sich weiter in Widerstände, den Integrationstrend und technische Links separieren. Die Klasse Integrationstrends beinhaltet Kondensatoren, laminierte Bussysteme und Kühlsysteme. Die Bauteile IGBT-Treiber, Leistungsmodule und Halbleiter werden der Klasse technische Links zugeordnet. Die verwendeten Bauteile des Wechselrichters sind passive Komponenten. Als Hauptkomponenten der Leistungswandlung werden je nach Anwendungsbereich, IGBT-Module, metal-oxide-semiconductor field-effect transistor (MOSFETs) oder High-Speed-Dioden als Hauptkomponenten der Leistungswandlung eingesetzt. Sie bilden den Kern der hohen Effizienz und Leistungsumwandlung [37].

Es existiert eine Vielzahl von Wechselrichtern mit unterschiedlichen Technologien für verschiedene Einsatzbereiche. In dieser Arbeit werden die Wechselrichter nach Anwendungsbereich folgendermaßen unterteilt:

- Mikro-Wechselrichter (< 1 kW)
- Residential-Wechselrichter (< 10 kW)
- Commercial-Wechselrichter (10 kW – 1 MW)
- Utility-Wechselrichter (> 1 MW)

Seit 2013 werden Wechselrichter vorwiegend in den Bereichen der Photovoltaik, Windturbinen, Elektrofahrzeuge (EV) / Hybrid-Elektrofahrzeuge (HEV) [8], Bahn, unterbrechungsfreie Stromversorgung (USV) und Motorantriebe eingesetzt [38]. Der verwendete Wechselrichter richtet sich nach dem Anwendungsfeld. So werden Wechselrichter mit niedrigen Leistungen für den Bereich EV/HEV verwendet. Im Photovoltaikbereich werden sowohl Wechselrichter mit hohen Leistungen als auch mit niedrigen Leistungen eingesetzt [39], [40]. Im Bereich der Windanlage kommen Wechselrichter mit hoher Leistung zum Einsatz [41]. Bei der Bahn dominieren ebenfalls Wechselrichter mit hoher Leistung [42]. Von der USV werden, aufgrund der Flexibilität, Wechselrichter mit niedriger Leistung eingesetzt. Infolge der vielen verschiedenen Motorantriebe richtet sich der verwendete Wechselrichter nach Typ des Motorantriebs [43]. Meist kommen Wechselrichter in hohem Leistungsbereich zum Einsatz [26], [44], [45].

2.2 Umrichter Regelung

Die Regelstruktur des Umrichters von Energieeinspeisungen ist in Abb. 2.2 dargestellt. Es gibt zwei kaskadierte Regelkreise, einen Spannungsregler für die Zwischenkreisspannung U_{zk} und einen Stromregler für den Filterstrom I_f. Mit dem Spannungsregler soll die gemessene Spannung $U_{zk_{ist}}$ auf $U_{zk_{soll}}$ gehalten werden, während die bleibende Abweichung zwischen $I_{f_{soll}}$ und $I_{f_{ist}}$ durch den Stromregler ausregelt wird [13]. Die beiden Regelungen setzen zusammen eine Kaskadenregelung ein, wobei der Stromregelkreis den inneren Kreis bildet. Eine genaue Betrachtung der Strom- und Spannungsregelstruktur eines Stromrichtermodells folgt in den Absätzen 2.2.1 und 2.2.2.

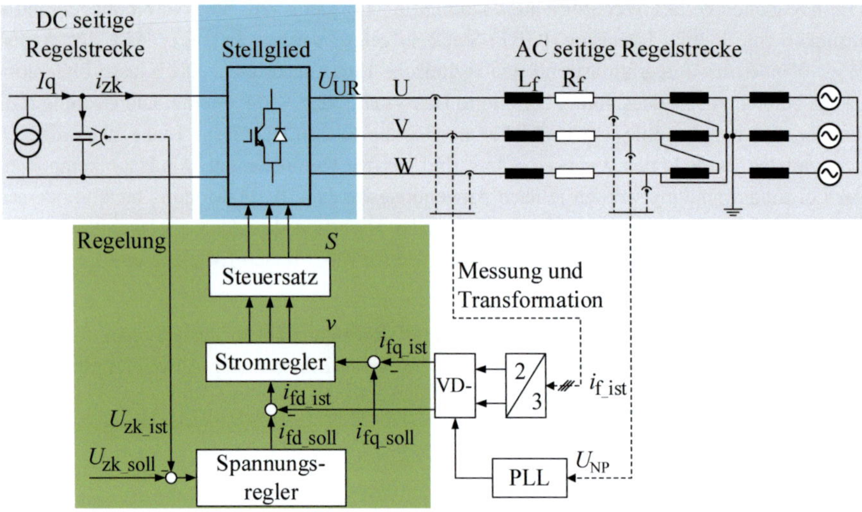

Abb. 2.2: Das Funktionsschema der Regelung des Umrichters [15]

2.2.1 Unterlagerter Stromregelkreis

Das Blockschaltbild der Stromregelung ist wie in Abb. 2.3 gezeigt aufgebaut. Es wird betrachtet, dass die Spannungen vom Netz am Punkt PCC und der gekoppelte Strom als Störungen behandelt werden und nicht in den Prozess des Kontrolldesigns einbezogen werden. Daher können die gleichen Parameter für die d- und q-Stromregler verwendet werden [14].

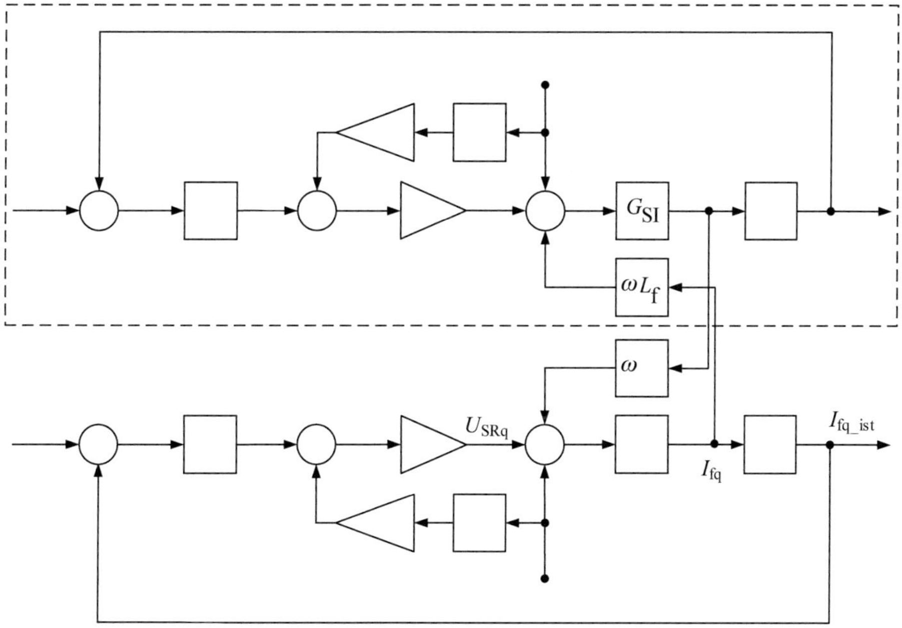

Abb. 2.3: Blockschaltbild der Stromregelung [15]

Die Übertragungsfunktionen der oben gezeigten Blöcke sind wie folgt:

PI-Regler

$$G_{RI}(s) = K_{RI}\left(1 + \frac{1}{T_{RI}s}\right) = \frac{K_{RI}(sT_{RI}+1)}{sT_{RI}} \tag{2.1}$$

Die Übertragungsfunktion der Strecke kommt aus der Gleichung (3.1)

$$G_{SI} = \frac{i_{fd}(s)}{u_{SRd}(s) - u_{NPd}(s) - \omega L_f \bullet i_{fq}(s)} = \frac{1}{sL_f + R_f} = \frac{\frac{1}{R_f}}{s\frac{L_f}{R_f}+1} \tag{2.2}$$

Strecke aus (2.2)

$$G_{SI} = \frac{K_{SI}}{sT_{SI}+1} \tag{2.3}$$

mit $T_{SI} = \frac{L_f}{R_f}$, $K_{SI} = \frac{1}{R_f}$

Totzeit-Glied, als PT1-Glied approximiert

$$G_t = \frac{1}{sT_t + 1} \tag{2.4}$$

Verstärkungsfaktor, als Stellglieder bezeichnet

$$K_{sr} = \frac{U_{zk}}{2} \tag{2.5}$$

Die Übertragungsfunktion des Prozesses:

$$G_{PI} = K_{sr} \cdot G_{SI} \cdot G_t \tag{2.6}$$

Die Übertragungsfunktion des offenen Kreises:

$$G_{0I} = G_{RI} \cdot G_{PI} \tag{2.7}$$

Die Übertragungsfunktion des geschlossenen Kreises:

$$G_I = \frac{i_{fd\_ist}}{i_{fd\_soll}} = \frac{G_{0I}}{1+G_{0I}} \tag{2.8}$$

Hierbei sind alle Übertragungsfunktionen der Glieder des Stromregelkreises bestimmt worden, um die weitere Parametrierung des Reglers vorzubereiten. Die Übertragungsfunktion des geschlossenen Kreises G_I wird im Folgenden im Spannungsregelkreis eingestellt.

2.2.2 Überlagerte Spannungsregelkreis

Für die Regelung der Zwischenkreisspannung U_{zk} wird i_{d_soll} als Stellgröße verwendet. Entsprechend wird das Blockschaltbild der Spannungsregelung in Abb. 2.4 gezeigt.

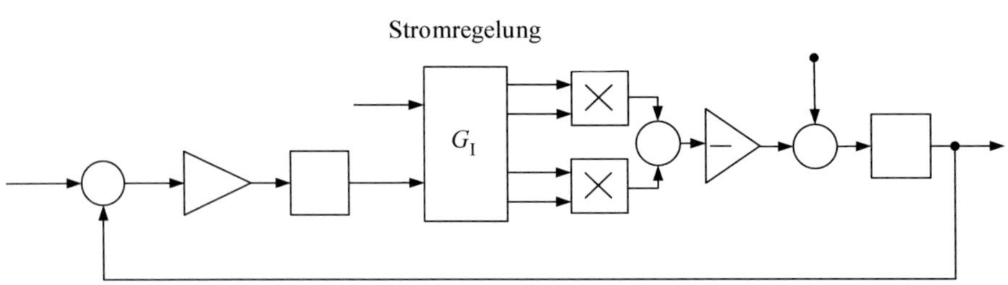

Abb. 2.4: Blockschaltbild der Spannungsregelung [16]

Weil durch G_I ein schwingungsfähiges System hoher Ordnung repräsentiert wird, braucht G_I zu approximieren ein PT1-Glied,

$$G_I' = \frac{1}{sT_I + 1} \tag{2.9}$$

um die Parametrierung des Spannungsreglers durchführen zu können. Die approximierte Übertragungsfunktion des Stromregelkreises hat die Zeitkonstante T_I. Auf der entsprechenden Frequenz $\frac{1}{T_I}$ erreicht der Amplitudenverlauf des realen Stromregelkreises die größte Verstärkung der Amplitude, wie in Abb. 2.5 gezeigt [17].

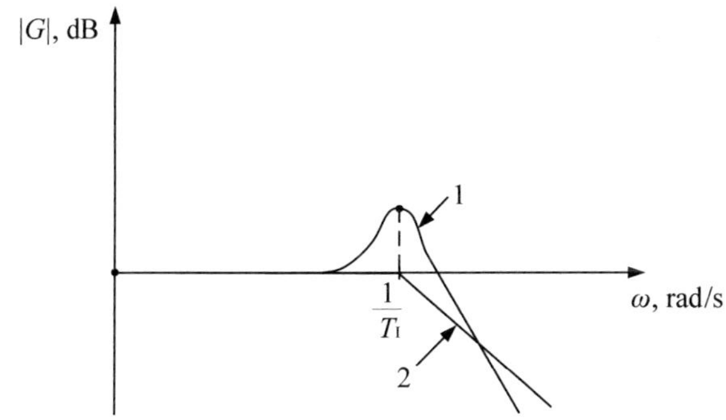

Abb. 2.5: Bode-Diagramm des realen geschlossenen Stromregelkreises (1), und des approximierten Stromregelkreises (2) [17]

Neben der Approximation von G_I ist es noch notwendig, die richtige Verstärkung K_f auszuwählen, die gleich dem Verhältnis $\frac{i_{zk}}{i_{d\_ist}}$ ist. Unter der Gleichsetzung von DC- und AC-Leistung und der Vernachlässigung der Verluste im Filter durch R_f.

$$i_{zk} \cdot U_{zk} = \frac{3}{2} \cdot |\underline{u}_{NP}| \cdot i_{d\_ist} \tag{2.10}$$

kann der Verstärkungsfaktor K_f bestimmt werden.

$$K_f = \frac{i_{zk}}{i_{d\_ist}} = \frac{3}{2} \cdot \frac{|\underline{u}_{NP}|}{U_{zk}} \tag{2.11}$$

Nach allen Approximationen kann das Blockschaltbild nun wie in Abb. 2.6 dargestellt werden.

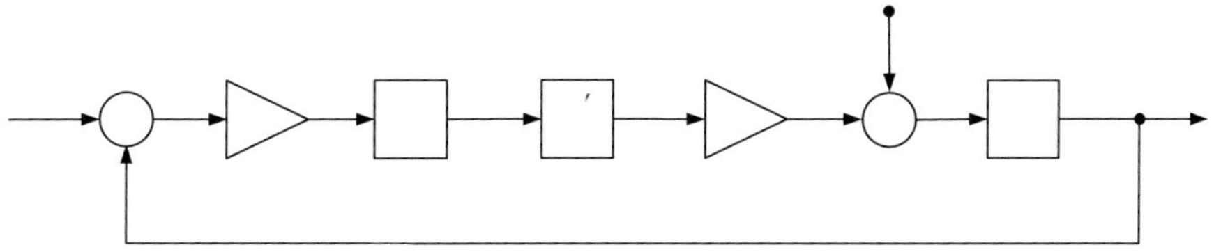

Abb. 2.6: Vereinfachtes Blockschaltbild der Spannungsregelung [17]

Die Übertragungsfunktionen der oben gezeigten Blöcke sind wie folgt:

- PI-Regler

$$G_{RU}(s)=K_{RU}\left(1+\frac{1}{T_{RU}\cdot s}\right)=\frac{K_{RU}(sT_{RU}+1)}{sT_{RU}} \tag{2.12}$$

Strecke:

$$G_{SU}=\frac{1}{sT_{SU}} \tag{2.13}$$

mit $T_{SU}=C_{ZK}$.

Die Übertragungsfunktion des Prozesses

$$G_{PU}=-\,G_I^{'}\cdot K_f\cdot G_{SU} \tag{2.14}$$

Die Übertragungsfunktion des offenen Kreises

$$G_{0U}=-G_{RU}\cdot G_{RU} \tag{2.15}$$

Die Übertragungsfunktion des geschlossenen Kreises

$$G_U=\frac{G_{0U}}{1+G_{0U}} \tag{2.16}$$

Hierbei sind alle Übertragungsfunktionen des Spannungskreises bestimmt worden, um die weitere Parametrierung des Spanungsreglers durchführen zu können.

2.2.3 Reglerparametrierungsmethode

Das Blockdiagramm des Reglungssystems ist wie in Abb. 2.7 gezeigt, wobei G_R den Regler und G_P den Prozess darstellt. Die Darstellung des PI-Reglers in dieser Arbeit ist in der Serienform:

$$G_R(s)=K_R\left(1+\frac{1}{T_R\cdot s}\right) \tag{2.17}$$

wobei K_R die Regelverstärkung und T_R die Integralzeitkonstante ist.

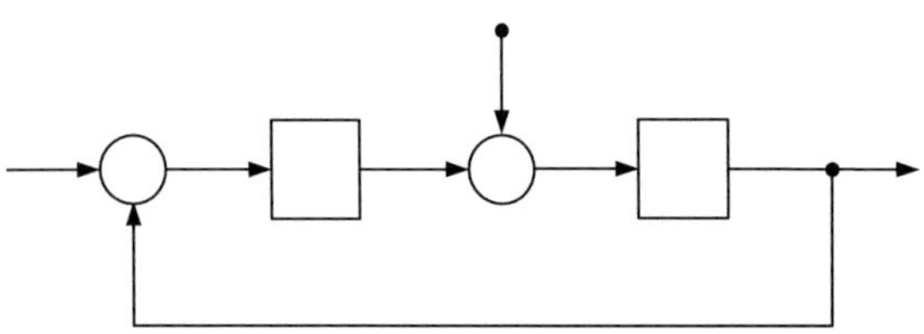

Abb. 2.7: Blockdiagramm des Steuersystems [18]

Ziegler-Nichols Sprungantwortmethode (ZNS)

Die Sprungantwortmethode von Ziegler und Nichols basiert auf Streckeninformationen in Form der Open-Loop-Sprungantwort. Diese Methode kann als eine traditionelle Methode betrachtet werden, die auf Modellierung und Kontrolle basiert, wobei ein Prozessmodell verwendet wird. Die Sprungantwort ist nur durch zwei Parameter n und m gekennzeichnet, wie in Abb. 2.8 gezeigt. Der Wendepunkt wird zuerst bestimmt und dann die Tangente an diesem Punkt gezeichnet. Die Schnittpunkte zwischen der Tangente und den Koordinatenachsen ergeben die Parameter n und m [19].

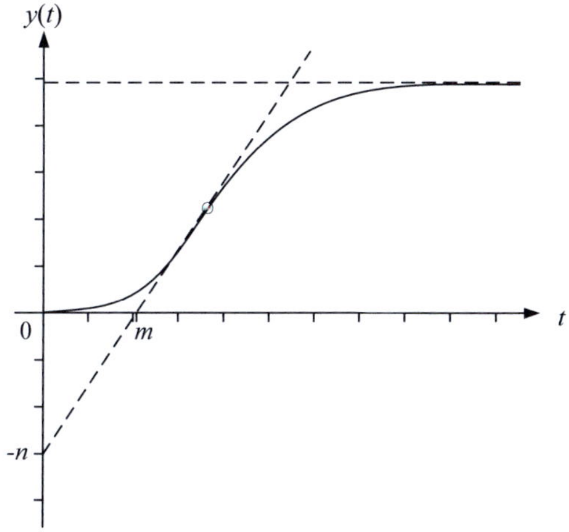

Abb. 2.8: Charakterisierung einer Sprungantwort anhand der Ziegler-Nichols-Sprungantwortmethode (Der Wendepunkt ist mit ○ bezeichnet) [20]

Aus diesen Parametern werden PID-Parameter direkt als Funktionen von n und m angegeben. Diese sind in Tab. 2.1 angegeben.

Tab. 2.1: Einstellregeln für ZNS Methode

Reglertypen	K_R	T_I	T_D
P	$\frac{1}{n}$	∞	0
PI	$\frac{0{,}9}{n}$	$3m$	0
PID	$\frac{1{,}2}{n}$	$2m$	$\frac{m^2}{2}$

Chien, Hrones, und Reswick Methode (CHR)

Die CHR Methode ist eine Modifikation der ZNS, mit dieser Methode kann eine gute Sollwertantwort und Störungsantwort erhalten werden [20, 21]. Eine gute Laststörungsantwort ist üblicherweise ein relevanter Standard in Prozesssteuerungsanwendungen. Diese Methode ergibt geschlossene Systeme mit etwas besserer Robustheit als die ZNS. Die verwendeten Designkriterien waren "schnellste Reaktion ohne Überschwingen" oder "schnellste Reaktion mit 20 Prozent Überschwingen". Sie haben verschiedene Abstimmregeln für Laststörungen und Sollwertverhalten vorgeschlagen [22].

Zur Abstimmung des Reglers nach der CHR-Methode werden zunächst die Parameter m und n des Prozessmodells wie bei der ZNS bestimmt. Die Reglerparameter werden anschließend als Funktionen dieser beiden Parameter angegeben. Die Abstimmungsregeln für die Laststörungsantwort sind in Tab. 2.2 angegeben, die im Allgemeinen geringere Verstärkungen als die entsprechende Ziegler-Nichols-Regel in Tab. 2.1 haben.

Chien, Hrones und Reswick fanden heraus, dass das Abstimmen auf die Sollwert-Antwort anders ist als das Abstimmen auf Störungen, wobei die Verstärkungen von Regler im Allgemeinen niedriger sind, siehe Tab. 2.3.

Tab. 2.2: Einstellregeln aus der CHR Methode optimiert für Störung

	Kein Überschwingen			**20% Überschwingen**		
Reglertypen	K_R	T_I	T_D	K_R	T_I	T_D
P	$0{,}3/n$	∞	0	$0{,}7/n$	∞	0
PI	$0{,}6/n$	$4m$	0	$0{,}7/n$	$2{,}3m$	0
PID	$0{,}95/n$	$2{,}4m$	$0{,}42m$	$1{,}2/n$	$2{,}0m$	$0{,}42m$

Tab. 2.3: Einstellregeln aus der CHR Methode optimiert für Führung

	Kein Überschwingen			**20% Überschwingen**		
Reglertypen	K_R	T_I	T_D	K_R	T_I	T_D
P	$0{,}3/n$	∞	0	$0{,}7/n$	∞	0
PI	$0{,}35/n$	$1{,}2m$	0	$0{,}6/n$	$1{,}0m$	0
PID	$0{,}6/n$	$1{,}0m$	$0{,}5m$	$0{,}95/n$	$1{,}4m$	$0{,}47m$

Betragsoptimum (BO)

Das Betragsoptimum ist eine Methode zur Auswahl und Abstimmung von Reglern, die als analytische Designs betrachten werden. Das Ziel des BOs ist ein Übertragungsverhalten des geschlossenen Regelkreises, bei dem der Betrag der Übertragungsfunktion auf den Wert eins, auf einen möglichst breiten Frequenzbereich gehalten wird. Bei einer Single-Loop-Linearregelung mit signifikantem Tiefpassverhalten kann das auf dem Betragsoptimum basierende Design angewendet werden [23–25].

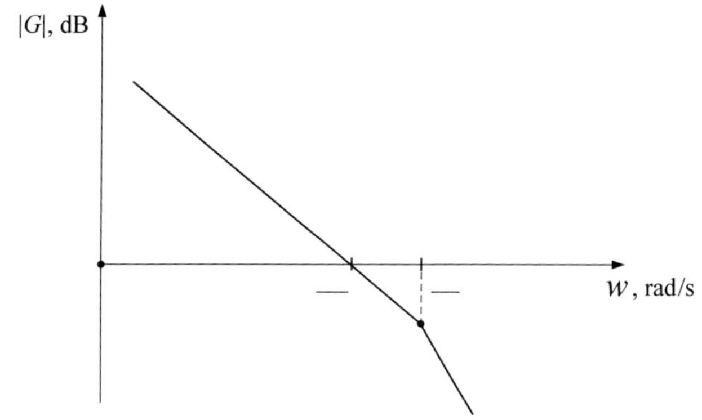

Abb. 2.9: Amplituden-Frequenz-Kennlinie des Systems mit dem BO [25]

Bei BO wird den PI-Regler G_R gewählt

$$G_R(s)=K_R\left(1+\frac{1}{T_R\cdot s}\right)=\frac{K_R(sT_R+1)}{sT_R} \tag{2.18}$$

um die größte Nennerzeitkonstante des Prozesses G_P zu kompensieren. Um das System zu einem Betragsoptimum zu konfigurieren, muss das Bode-Diagramm wie die in Abb. 2.9 dargestellte Übertragungsfunktion mit offener Schleife aussehen. Diese Übertragungsfunktion hat die folgende Formel:

$$G_{BO}=G_R\cdot G_P=\frac{1}{(T\cdot s+1)}\cdot\frac{1}{2T\cdot s} \tag{2.19}$$

Durch Vergleich der Übertragungsfunktion der untersuchten offenen Schleife mit G_{BO} können die Reglerparameter bestimmt werden.

Die Methode des BOs kann jedoch nicht verwendet werden, wenn die folgenden beiden Punkte auftreten:

1) Die Regelstrecke enthält einen I-Anteil
2) Am Eingang der Strecke tritt eine Störung auf (Versorgungsstörung), so dass ein Regler mit I-Anteil benötigt wird.

Unter den oben genannten Umständen wird der geschlossene Regelkreis bei Betragsoptimierung instabil.

Symmetrisches Optimum (SO)

Nach dem symmetrischen Optimum wird der Frequenzgang des geschlossenen Regelkreises auch bei der Auslegung von Reglern optimiert. Mit SO ist der Regler so ausgelegt, dass bei der Durchlassfrequenz des Regelkreises der Maximalwert der Phasenreserve erreicht wird [26, 27]. Diese Methode eignet sich zum Prozess, welche Übertragungsfunktion die Form wie (2.21) hat

$$G_{\mathrm{P}}=\frac{k}{s\left(T\cdot s+1\right)} \tag{2.20}$$

Die Durchgangsfrequenz des offenen Regelkreises soll sich in der Mitte zwischen $\frac{1}{T_1}$ und $\frac{1}{T_2}$ legen, damit das Maximum des Phasenganges des offenen Regelkreises am Ort der Durchtrittsfrequenz $\frac{1}{T_{\mathrm{s}}}$ liegt, wie Abb. 2.10 gezeigt ist. Nach dieser Beziehung gilt es:

$$\frac{1}{T_{\mathrm{s}}}=\frac{1}{a}\cdot\frac{1}{T_2}=a\cdot\frac{1}{T_1} \tag{2.21}$$

Aus (2.21) wird abgeleitet, dass

$$T_1=aT_{\mathrm{s}};\ T_2=\frac{T_{\mathrm{s}}}{a} \tag{2.22}$$

Die Übertragungsfunktion zum SO lautet ganz allgemein [18]:

$$G_{\mathrm{SO}}=G_{\mathrm{R}}\cdot G_{\mathrm{P}}=\frac{1}{aT_{\mathrm{s}}^2}\frac{1}{s^2}\cdot\frac{1+T_1s}{1+T_2s}=\frac{1}{aT_{\mathrm{s}}^2}\frac{1}{s^2}\cdot\frac{1+aT_{\mathrm{s}}s}{1+\frac{T_{\mathrm{s}}}{a}s} \tag{2.23}$$

Mit $s=\mathrm{j}\omega$ ist

$$G_{\mathrm{SO}}\left(\mathrm{j}w\right)=\frac{1}{aT_{\mathrm{s}}^2}\frac{1}{\left(\mathrm{j}w\right)^2}\cdot\frac{1+aT_{\mathrm{s}}\mathrm{j}w}{1+\frac{T_{\mathrm{s}}}{a}\mathrm{j}w} \tag{2.24}$$

Hieraus kann die Phase ϕ des offenen Regelkreises bestimmt werden:

$$\phi=\arctan\left(aT_{\mathrm{s}}\cdot\omega\right)\text{-}\arctan\left(\frac{T_{\mathrm{s}}}{a}\cdot\omega+\pi\right) \tag{2.25}$$

Da die Durchtrittsfrequenz an der Stelle $\omega=\omega_{\mathrm{s}}=\frac{1}{T_{\mathrm{s}}}$ liegen soll, wird nun die Phasenreserve ϕ_{r} für die Frequenz ω_{s} in Abhängigkeit von a berechnet:

$$\phi_{\mathrm{r}}=\pi+\phi_{\mathrm{r}}\big|_{\omega=\omega_{\mathrm{s}}}=\pi+\arctan(aT_{\mathrm{s}}\cdot\frac{1}{T_0})\text{-}\arctan(\frac{T_{\mathrm{s}}}{a}\cdot\frac{1}{T_{\mathrm{s}}}+\pi) \tag{2.26}$$

Mit $a=2$ wird eine gewünschte Phasenreserve ϕ_{r} von 36,87° realisiert, damit das gewünschte Einschwingverhalten entsteht.

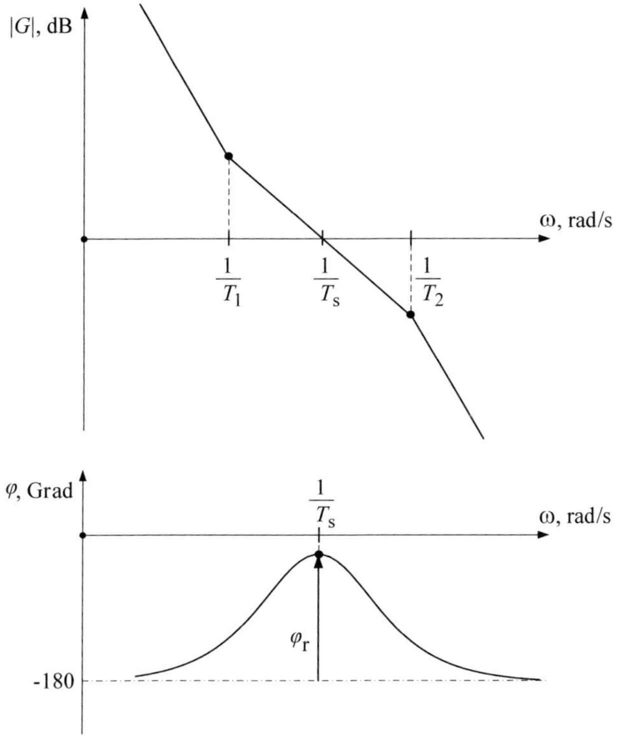

Abb. 2.10: Bodediagramm des offenen Regelkreises des Systems nach SO [27]

Dann ist die Übertragungsfunktion des offenen Kreises für SO mit $a = 2$:

$$G_{SO} = \frac{1}{2T_s^2} \cdot \frac{1}{s^2} \cdot \frac{1+2T_s s}{1+\frac{T_s}{2}s} \tag{2.27}$$

Unter Vergleich der Übertragungsfunktion des untersuchten offenen Regelkreises mit G_{SO} können die Reglerparameter bestimmt werden.

Skogestad Methode (SKO)

Das PID-Optimierungsargument von Skogestad ist eine modellbasierte Methode, bei der der Regler als Funktionen des geschlossenen Regelkreises ausgedrückt wird. Das Verfahren eignet sich für den Regelkreis mit erster oder zweiter Ordnung bzw. mit Zeitverzögerung auch für integrierende und reine Zeitverzögerungsprozesse. Die Schritte zur Verwendung dieser Methode sind:

Die gewünschte Übertragungsfunktion $G(s)$ vom Regelkreis ist als Funktion erster Ordnung mit Zeitverzögerung spezifiziert:

$$G(s)=\frac{y(s)}{u(s)}=\frac{G_R(s)G_P(s)}{1+G_R(s)G_P(s)}=\frac{1}{T\cdot s+1}e^{-\theta s} \tag{2.28}$$

T ist die Verzögerungszeitkonstante des Regelsystems, die der Benutzer spezifizieren muss, und θ ist die Totzeit, die durch den Regelkreis gegeben ist. Abb. 2.11 zeigt die Sprungantwort von (2.28) auf [28, 29].

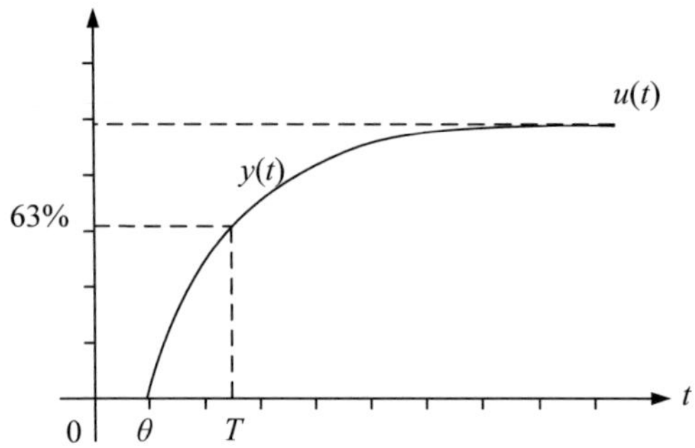

Abb. 2.11: Sprungantwort des Zeitverzögerungsregelsystems mit erster Ordnung [30]

Wenn die Übertragungsfunktion von Prozess $G_P(s)$ die Form erster Ordnung plus Zeitverzögerung hat, kann man die Funktion des Reglers aus (2.28) ableiten:

$$G_R(s)=\frac{1}{G_P(s)}\frac{1}{\frac{1}{G(s)}-1} \tag{2.29}$$

Wenn $G_P(s)$ nicht in den erwähnten Formen ist, sollte sie umgeformt werden.

Der Prozess ist aus dem originalen Prozess zu einer Annäherung mit erster Ordnung plus Verzögerung vorzunehmen (In dieser Arbeit werden nur PI-Regler verwendet, deswegen ist nur die Annäherung erster Ordnung vorzustellen). Die effektive Verzögerung im Prozess könnte unter Verwendung der vorgeschlagenen Halbregel erhalten werden. Der annähernde Prozess ist in der Form wie unter gezeigt.

$$G_P(s)=\frac{k}{(T_1\cdot s+1)}e^{-\theta s} \tag{2.30}$$

Um den angenäherten Prozess zu erhalten, sind die folgenden Modellinformationen benötig:

a) Verstärkung k

b) Dominante Verzögerungszeitkonstante T_1

c) (Effektive) Zeitverzögerung (Totzeit) θ

Das Problem, die effektive Verzögerung θ zu erhalten, kann als ein Parameterschätzungsproblem eingerichtet werden, beispielsweise indem eine Kleinste-Quadrate-Approximation der Open-

Loop-Sprungantwort vorgenommen wird. Das Ziel ist es, die resultierende effektive Verzögerung zu verwenden, um Reglereinstellungen zu erhalten, so dass ein besserer Ansatz darin bestünde, die Annäherung zu finden, die für eine gegebene Abstimmmethode zu der besten Rückkopplungsantwort führt. Eine Verbesserung könnte beispielsweise dadurch erreicht werden, den integrierten absoluten Abweichung mit einem spezifizierten zu minimierenden Wert für die Empfindlichkeitsspitze M_S. Im Folgenden wird ein praktischer Ansatz vorgeschlagen.

Das Originalmodell $G_{\text{Orig}}(s)$ wird in folgender Form vorgestellt:

$$G_{\text{Orig}}(s)=k\cdot\frac{\prod_{\text{j}}(-T_{\text{jo}}\cdot s+1)}{\prod_{\text{i}}(t_{\text{iO}}\cdot s+1)}\text{e}^{-\theta_{\text{o}}s} \tag{2.31}$$

wobei die Verzögerungszeitkonstanten t_{iO} nach ihrer Größe geordnet sind und T_{jO} die inverse Antwort (negativ Zähler) der Zeitkonstanten bezeichnen.

Zunächst wird die kontrollrelevante Approximation der schnellen dynamischen Modi (Hochfrequenzanlage Dynamik) durch Verwendung einer effektiven Verzögerung betrachtet. Um diese Näherungen abzuleiten, werden die folgenden zwei Taylor-Näherungen einer Zeitverzögerungsübertragungsfunktion berücksichtigt:

$$e^{-\theta_{\text{O}}s}\approx 1-\theta_{\text{O}}\cdot s \tag{2.32}$$

und

$$e^{-\theta_{\text{O}}s}=\frac{1}{e^{\theta_{\text{O}}s}}\approx\frac{1}{1+\theta_{\text{O}}\cdot s} \tag{2.33}$$

Aus (2.32) wird abgeleitet, dass eine "inverse Antwortzeitkonstante" T_{O} (negative Zählerzeitkonstante) als eine Zeitverzögerung approximiert werden kann:

$$1-T_{\text{o}}s\approx e^{-T_{\text{o}}s} \tag{2.34}$$

Dies ist annehmbar, da eine inverse Antworte (RHP-Nullen) zu einer zusätzlichen Phasenverzögerung zu einem System beiträgt, ähnlich zu der einer Zeitverzögerung (z.B. [31]). Aus (2.33) kann ähnlich eine (kleine) Verzögerungszeitkonstante t_{O} als eine Zeitverzögerung angenähert werden:

$$\frac{1}{t_o\cdot s+1}\approx e^{-t_o s} \tag{2.35}$$

Darüber hinaus, wird aus

$$G_{\mathrm{orig}}(s) = k \cdot \frac{\prod_{j}(-T_{\mathrm{jo}} \cdot s + 1)}{\prod_{i}(t_{\mathrm{io}} \cdot s + 1)} e^{-\theta_{\mathrm{O}} s} \approx \frac{k}{\prod_{1}^{i}(t_{\mathrm{io}} \cdot s + 1)} \mathrm{e}^{-\sum_{j} T_{\mathrm{jo}} s} \text{-}\mathrm{e}^{\sum_{i+1} t_{\mathrm{iO}} s} \, \mathrm{e}^{-\theta_{o} s}$$
$$= \frac{k}{\prod_{1}^{i}(t_{io} \cdot s + 1)} e^{-\theta s} \tag{2.36}$$

abgeleitet, dass das Originalmodell $G_{\mathrm{o}}(s)$ zum Modell mit erster oder zweiter Ordnung plus Zeitverzögerung umgeformt werden könnte. Die dominanten Verzögerungszeitkonstanten sind die größten und werden beibehalten. Die effektive Verzögerung θ kann als die Summe der ursprünglichen Verzögerung θ_{O} und der Beitrag von den verschiedenen angenäherten Termen genommen werden. Für die digitale Implementierung mit der Abtastperiode T_{s} beträgt der Beitrag zur effektiven Verzögerung ungefähr $\frac{T_{\mathrm{s}}}{2}$ (Dies ist die durchschnittliche Zeit, die der Kontroller benötigt, um auf eine Änderung zu reagieren).

In Bezug auf die Regelung ist die Lag-Approximation (2.35) konservativ, da der Effekt einer Verzögerung auf die Kontrollleistung schlechter als der einer Verzögerungszeitkonstante mit gleicher Größe ist (z.B. [31]). Dies gilt insbesondere für die Annäherung der größten vernachlässigten Verzögerungen. Um weniger konservativ zu sein, empfiehlt es sich, die Halbregel zu verwenden:

Die Einstellungen von PI-Regler ergeben sich auf die Basis von einem Prozess erster Ordnung, während die PID-Regler-Einstellungen auf einem Modell zweiter Ordnung basieren. Als nächstes werden für den Prozess in (2.28) PI-Einstellungen unter Verwendung der Methode der direkten Synthese für Sollwerte [29] oder äquivalent der internal Model Control-Methode für Sollwerte [28] abgeleitet.

Die Idee der direkten Synthese besteht darin, die gewünschte Antwort mit geschlossener Schleife zu spezifizieren und die entsprechende Regelung zu bestimmen. Wenn ein Modell erster Ordnung in (2.25) betrachtet wird, ergibt das Einsetzen von (2.28) und (2.30) in (2.29) einen "Smith Predictor" Regler [32]:

$$G_{\mathrm{R}}(s) = \frac{1}{\frac{k}{(T_1 \cdot s + 1)} e^{-\theta s}} \frac{1}{\frac{1}{\frac{1}{T \cdot s + 1} e^{-\theta s}} - 1}$$
$$= \frac{(T_1 \cdot s + 1)}{k} \frac{1}{(T \cdot s + 1 - e^{-\theta s})} \tag{2.37}$$

T ist die gewünschte Zeitkonstante und ist der einzige eingestellte Parameter für den Regler. Das Ziel ist es, PI-Regler-Einstellungen abzuleiten, und zu diesem Zweck wird in (2.37) eine Taylorreihen-Approximation erster Ordnung der Verzögerung, $e^{-\theta s} \approx 1 - \theta$ eingesetzt. Das gibt

$$G_R(s)=\frac{(T_1\cdot s+1)}{k}\frac{1}{(T+\theta)\cdot s}$$
$$=\frac{T_1}{k(T+\theta)}(1+\frac{1}{T_1\cdot s}) \quad (2.38)$$

mit einer Serienform des PI-Reglers mit

$$K_R=\frac{T_1}{k(T+\theta)};\quad T_R=T_1 \quad (2.39)$$

Die PI-Einstellungen in (2.39) wurden durch Berücksichtigung der Sollwertantwort abgeleitet, und das Ergebnis ist, dass die Dynamik der ersten Ordnung des Prozesses effektiv durch die Auswahl der Integralzeit $T_R=T_1$ aufgehoben wird. Dies ist eine robuste Einstellung, die zu guten Reaktionen auf Sollwerte führt und zu Störungen, die direkt am Prozessausgang eintreffen. Es ist bekannt, dass für die Verzögerung dominant Prozesse $T_1 \gg \theta$ (z.B. ein integrierender Prozess), ergibt die Wahl $T_R=T_1$ eine lange Einschwingzeit für die Störungen am Prozesseingang [33]. Um die Laststörungsantwort zu verbessern, muss die Integralzeit reduziert werden, aber nicht zu viel, weil sonst die langsamen Oszillationen erscheinen, die durch fast zwei Integratoren in Serie verursacht werden (eine vom Regler und eine von der langsamen Verzögerungsdynamik).

In Tab. 2.4 werden die resultierenden Einstellungen für einige Spezialfälle einschließlich des reinen Zeitverzögerungsprozesses, des Integrationsprozesses und des doppelten Integrationsprozesses zusammengefasst.

Tab. 2.4: ID-Einstellungen mit $T=\theta$ [31]

Prozesstypen	$G_P(s)$	K_R	T_R	T_D
Erster Ordnung	$\frac{k}{(T_1 s+1)}e^{-\theta s}$	$\frac{T_1}{k\cdot 2\theta}$	$min\{T_1, 8\theta\}$	-
Zweiter Ordnung	$\frac{k}{(T_1 s+1)(T_2 s+1)}e^{-\theta s}$	$\frac{T_1}{k\cdot 2\theta}$	$min\{T_1, 8\theta\}$	T_2
Reine Zeitverzögerung	$ke^{-\theta s}$	0	0	-
Integration	$k\frac{e^{-\theta s}}{T_1 s}$	$\frac{T_1}{k\cdot 2\theta}$	8θ	-
Integration mit Zeitverzögerung	$k\frac{e^{-\theta s}}{T_1 s\cdot(T_2 s+1)}$	$\frac{T_1}{k\cdot 2\theta}$	8θ	T_2
Doppelintegration	$\frac{k''}{s^2}e^{-\theta s}$	$\frac{1}{k''\cdot 16\theta}$	8θ	-

2.3 Modellarten

Im elektrischen Energiesystem treten dynamische Phänomene, also Ausgleichsvorgänge, auf. Dies beispielsweise in Folge von Schaltvorgängen eines Stromrichterventils oder Leistungsfrequenzreglung in der Mittelzeitdynamik [46], [47]. Die Phänomene werden anhand ihrer Zeitkonstanten in Kategorien eingeordnet. Abb. 2.12 gibt eine Übersicht der relevanten Vorgänge und Phänomene und ordnet diese den jeweiligen Zeitbereichen zu [46], [48], [49]. Die Einteilung der Zeitbereiche beginnt bei Millisekunden und reicht bis Stunden. Grundsätzlich werden die Zeitbereiche nach dem elektromagnetischen Transienten (EMT), der elektromechanischen transienten Vorgänge und dem quasistationären Zustand unterschieden (siehe Abb. 2.12).

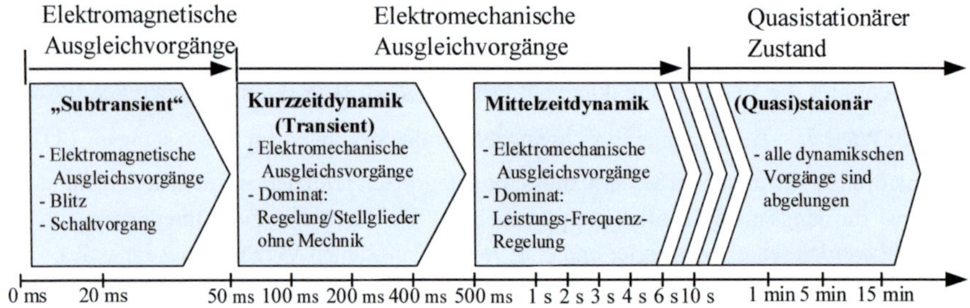

Abb. 2.12: Zeitbereiche im elektrischen Energiesystem [46]

Dabei beschreibt die elektromagnetische Transiente den Energieaustauch zwischen dem magnetischen Feld der Induktivität und dem der Kapazität. Dieses Phänomen wird beobachtet, wenn sich die Netzkonfiguration ändert. Die Modellierung des Netzes, sowie der Betriebsmittel und Regler erfolgt auf Basis von Differentialgleichungen [50]. Die Schrittweite der Simulation sollte im Bereich von zehn Mikrosekunden oder noch kleiner sein [48].

Die elektromechanischen Transienten umfassen die Wechselwirkung zwischen der eingespeicherten mechanischen Energie in rotierenden Maschinen und der gespeicherten elektrischen Energie im Elektroenergiesystem [48]. Die Zeitdauer von elektromechanischen Ausgleichsvorgängen liegt über 50ms, die Dynamik der EMT ist nicht sichtbar. Sind alle Ausgleichvorgänge abgeklungen, wird die Abfolge von Gleichgewichtszuständen als quasistationärer Zustand bezeichnet. Auf diesem Zustand basiert die statische Netzanalyse, wie beispielsweise die Leistungsflussberechnung.

Modellierung leistungselektronischer Systeme ist seit Jahrzehnten Gegenstand der Forschungen und weist eine hohe Abhängigkeit von dem jeweiligen Anwendungszweck auf. Basierend auf der Modellierung kann ein elektrisches System in vier Ebenen gegliedert werden, siehe Abb. 2.13, wobei Modelltiefe und Systemumfang konträr zueinander sind. [46], [51]

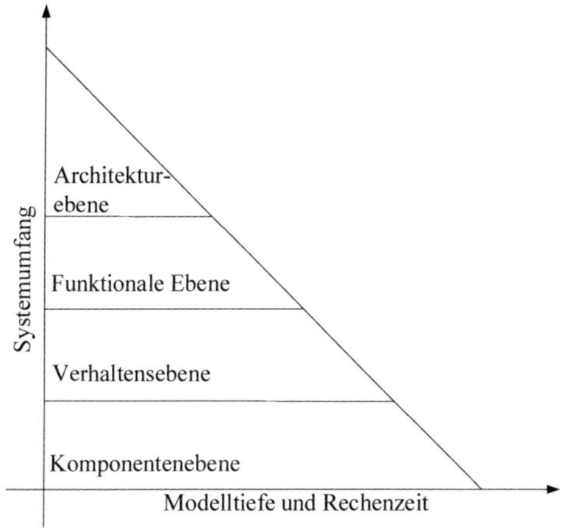

Abb. 2.13: Zusammenhang zwischen Modellebene und Systemumfang [35], [46]

Ein Modell auf Komponentenebene bildet die Dynamik jeder Basiskomponente nach. Auf Grundlage dieses Modelles kann das Netzverhalten bei hoher Frequenz, die elektromagnetische Verträglichkeit sowie die thermische und mechanische Beanspruchung simuliert werden. Je nach Anforderung der Anwendung, kann die Abtastfrequenz bis in den MHz Bereich reichen [52]. Folglich kann das Modell auf dieser Ebene für EMT-Analysen eingesetzt werden. Das Stromrichtermodell wird auf dieser Ebene als detailliertes Modell bezeichnet.

Das Modell auf der Verhaltensebene basiert auf einem Netzmodell mit konzentrierten Elementen, in dem z. B. das Ventil eines Stromrichters durch einen idealen Schalter substituiert wird. Dadurch reduziert sich die Komplexität des Modells auf der Komponentenebene und die entsprechende Abtastfrequenz kann auf einige hundert Kilohertz verringert werden [52]. Die Modellierungsebene ermöglicht die Dynamik des Subsystems bis zur Schaltfrequenz nachzubilden. Das typische Modell eines Stromrichters auf dieser Ebene wird als Schaltmodell bezeichnet, welches in Abs. 2.3.1 im Zusammenhang mit dem detaillierten Modell berücksichtigt wird. [35]

Die zweite Ebene ist i. d. R. als funktionale Ebene bekannt, bei der das Verhalten bei höherer Frequenz vernachlässigt wird. Modelle behandeln vorwiegend die Netzdynamik bis zu 150 Hz, unter der Voraussetzung, dass die Abweichungen zum detaillierten Modell kleiner als 5 % im symmetrischen Fall und kleiner als 10 % im unsymmetrischen Fall sind [48], [50]. Im direkten Vergleich zu den vorherigen Ebenen ist die Modellierungsfrequenz als auch die Komplexität des funktionalen Modells geringer. Dessen Genauigkeit genügt für eine umfassende Grundschwingungs-Analyse der elektromechanischen Transienten in großen Systemen [52], [53]. Funktionale Modelle finden heute häufig Anwendung, um Stromrichter zu modellieren. Zu erwähnen ist beispielsweise das Mittelwertmodell [48], [52], [52], [54]. Als Erweiterung zum Mittelwertmodell kommt oft das dynamische Phasormodell zum Einsatz [84], [55] [56], [57].

Das Modell der höchsten Ebene weist den geringsten Komplexitätsgrad auf. Es wird vorwiegend für die stationäre Netzanalyse, wie Leistungsflussberechnung und Netzplanung angewendet. Weiterhin ermöglichen die Modelle dieser Ebene die Analyse der Knotenkonfiguration und der Netzzuverlässigkeit.

Gemessen an den Modellierungstiefen ergeben sich hierfür die typischen Stromrichtermodelle:

- Komponentenebene (Detailliertes Modell),
- Verhaltensebene (Schaltmodell),
- funktionale Ebene (Mittelwertmodell und Phasormodell) und
- Architekturebene.

welche im Folgenden näher betrachtet werden. Im Rahmen dieser Arbeit werden die Stablitätsphänomene, fokussiert auf Kurzzeit Dynamik und Mittelzeitdynamik (siehe Abb. 2.12), untersucht und anschließend die relevanten Modelle, die die Simulation zur Nachbildung des Stabilitätsverhaltens benötigt, vorgestellt.

2.3.1 Detailliertes Modell und Schaltmodel

Das detaillierte Modell (DEM) basiert auf der physikalischen Struktur eines Betriebsmittels und wird durch detaillierte Basiskomponenten aufgebaut. Die Modellierung des Stromrichters beinhaltet die Submodelle mit Berücksichtigung der Nichtlinearität der Diode und des Thyristors. Aufgrund der ausreichend kleinen Simulationsschrittweite eignet sich dieses Modell gut für EMT-Analysen. Folglich wird es daher zur exakten Nachbildung eines Netzsystems, z. B. zur Überprüfung der Filterauswirkung, eingesetzt.

Das Schaltmodell stellt eine reduzierte Variante des detaillierten Modells dar, wobei die einzelnen Ventilzweige (Parallelschaltung aus IGBT und Diode) durch gesteuerte ideale Schalter ersetzt werden. Das Modell ermöglicht die aufgrund der gepulsten Arbeitsweise entstehenden Spannungsverzerrung in U-WR zu berücksichtigen, während Oberschwingungen bzw. Verluste, welche durch das nichtlineare Schaltverhalten entstehen, nicht sichtbar sind. Das Modell hat einen äquivalenten Zweck, wie die Modelle in [53] sowie das Kommutierungsmodell in [58]. Damit das detaillierte Modell und das Schaltmodell ausreichend genau sind, muss die Simulationsschrittweite ausreichende klein gewählt sein (typischerweise Hundertstel Millisekunden) [48], [52]. Aufgrund ihrer hohen Detailtiefe ist deren Anwendung für die Untersuchung von großen elektr. Energiesystemen wegen hoher Rechenzeiten unpraktikabel. Im Zuge dessen werden sie in den folgenden Betrachtungen nicht berücksichtigt [100].

2.3.2 Mittelwertmodell

Für die effiziente Analyse großer Systeme wird das Mittelwertmodell angewendet [59]. Das Mittelwertmodell beschreibt kontinuierlich die diskreten bzw. gepulsten Ausgangsgrößen von U-WR. Die Augenblickswerte (von DEM) werden durch periodische Mittelwerte ersetzt. Der periodische Mittelwert ergibt sich aus dem niederfrequenten Anteil in U_{A0}, welcher aus einer vollständige Pulsperiode T_p gemittelt wird:

$$\underline{U}_{\mathrm{A0}}=\underline{S}_{\mathrm{A}} \cdot \frac{\underline{U}_{\mathrm{dc}}}{2} \tag{2.40}$$

Aus (3.1)

$$\underline{U}_{A0}=\frac{1}{T_p}\int_t^{t+T_p}\underline{U}_{A0}(t)\,dt \tag{2.41}$$

Erhält man das Schaltsignal aus dem Vergleich zwischen einer Sinus-Referenz und einem hochfrequenten Dreieckträgersignal. Ferner reduziert sich die Anzahl der Wertniveauwechsel innerhalb einer Periode T_P von zwei auf null. So ist eine effizientere Steuerung des Stromrichters bzw. der Simulation möglich (siehe Abb. 2.14).

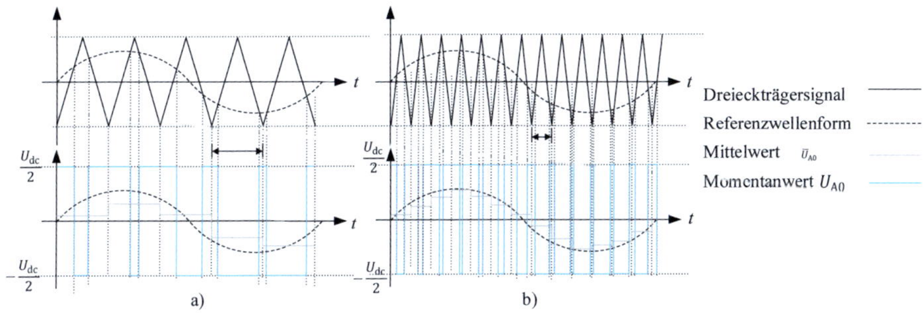

Abb. 2.14: Darstellung des Mittelwert-Prinzips [60]

Wird angenommen, dass die Zwischenkreisspannung U_{dc} konstant ist, so entspricht der Mittelwert einer Periode bei einer ausreichend hohen Pulsfrequenz ungefähr dem zugeordneten lokalen Wert der Referenzwellenform, also der Grundschwingung, [46], [49] (siehe Abb. 2.14). Daher lässt sich die Gleichung (2.41) wie folgt umschreiben:

$$\underline{U}_{A0}=\frac{1}{T_p}\int_t^{t+T_p}\underline{S}_A\cdot\frac{\underline{U}_{dc}}{2}\,dt=\underline{S}_A\cdot\frac{\underline{U}_{dc}}{2} \tag{2.42}$$

Die Größe $\overline{S_A}$ bezeichnet die Modulationsfunktion v, welche proportional zum Sollwert U_{A0soll} verläuft. Es ergibt sich,

$$\underline{U}_{A0}=v\cdot\frac{\underline{U}_{dc}}{2} \tag{2.43}$$

Bei einem sinusförmigen Sollwert für den Umrichter gelten die zeitkontinuierlichen Gleichungen:

$$\underline{U}_{A0}=v\cdot\frac{\underline{U}_{dc}}{2}=V\cdot\sin\left(wt+j\right)\cdot\frac{\underline{U}_{dc}}{2} \tag{2.44}$$

v bezeichnet den Modulationsgrad. Gleichung (2.44) bedeutet, dass die Schaltpaare durch gesteuerte Spannungsquellen ersetzt werden [61], [62] (siehe Abb. 2.14), wobei hier nur die Grundschwingung betrachtet wird.

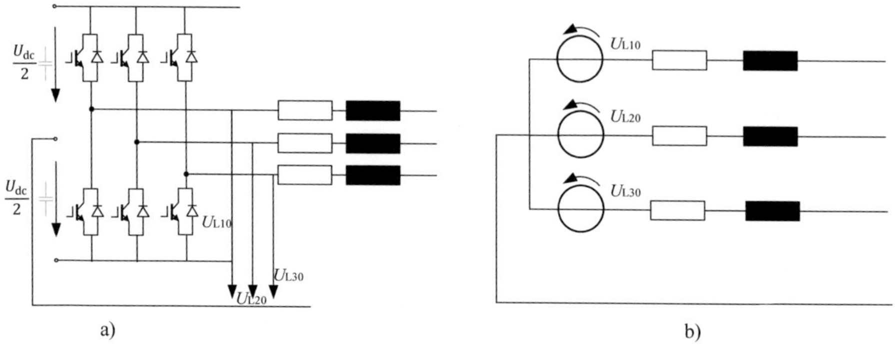

Abb. 2.15: Stromkreis des Wechselrichters a) detaillierte Darstellung b) Mittelwert-Darstellung [57]

Die Anwendung des Mittelwertmodells unterliegt der Prämisse, dass die DC-Seite und der Stromrichter verlustfrei sind [48], [63], [64]. Daraus folgt, dass die Wirkleistung auf der DC-Seite vollkommen zur AC-Seite transportiert wird. Modelltyp 6 in [53] und das Modell in [57] entsprechen dem oben dargestellten Modell (siehe Abb. 3.10). In der Praxis finden sich weitere vereinfachte und erweiterte Varianten des Mittelwertmodells, vgl. das Modell in [53] und [65]. Das Mittelwertmodell ist nicht mehr schaltend, daraus folgt, dass die Simulationsgeschwindigkeit in Folge der größeren Simulationsschrittweite signifikant erhöht werden kann [52], [66]. Auf Basis der Simulationen kann nur die Grundfrequenz-Dynamik der elektromechanischen Transienten sowie die quasistationären Zustände eines Systems betrachtet werden. Hochfrequenten Phänomene im Stromrichter werden, wie bereits erwähnt, vernachlässigt. Für die Darstellung der Stabilitätsphänomene des großen Systems in Mittelzeitdynamik, reicht die Genauigkeit des Mittelwertmodells vollkommen aus [46]. Beim Auftreten von Fehlern bzw. Asymmetrie im Netz verringert sich die Effizienz des Modells erheblich. Aufgrund der vorhandenen Netzharmonischen, sind die zur Regelung verwendeten dq-Koordinaten nicht mehr konstant [46]. Die Simulationsgeschwindigkeit wird stark reduziert.

2.3.3 Dynamisches Phasormodell

Für das allgemeine Verständnis des Phasormodells, wird zuerst das mathematische Konzept an einem einfachen Beispiel dargestellt. Ein Phasor beschreibt die komplexe Darstellung von sinusförmigen zeitabhängigen Größen. Gemäß [63], [67] kann der Phasor in einen statischen Phasor und einen dynamischen Phasor aufgeteilt werden.

Eine sinusförmige physikalische Größe kann durch die allgemeine Form $\underline{x} = X \cdot \cos(wt + \theta)$ ausgedrückt werden. Sie verhält sich wie ein rotierender Zeiger in der komplexen Ebene, siehe Abb. 2.16, und kann durch die Eulersche Form wiedergegeben werden:

$$\underline{x} = X \cdot e^{j(\omega t + \theta)} \tag{2.45}$$

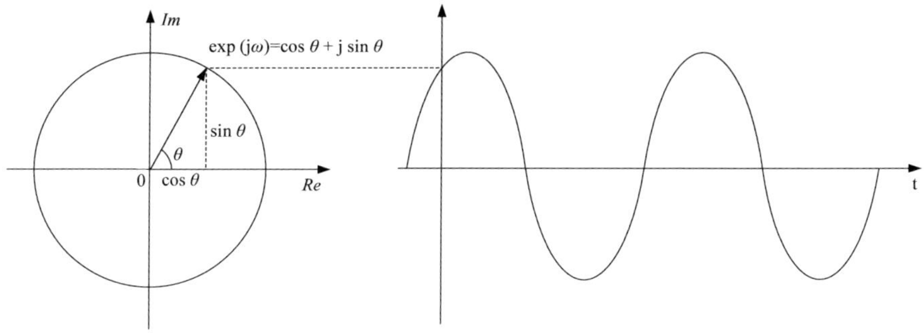

Abb. 2.16: Zusammenhang zwischen Zeitdiagramm und Zeigerdiagramm [25]

Die Formulierung von Gl. (2.45) in kartesischer Schreibweise ergibt:

$$\underline{x}=\underline{X}\cdot e^{j(\omega t+\theta)}=\underline{X}\cdot(\cos(\omega t+\theta)+j\cdot\sin(\omega t+\theta)) \qquad (2.46)$$

So ergibt der Realteil die ursprüngliche Größe mit $\underline{x}(t)=X\cdot\cos(\omega t+\theta)$:

$$\underline{x}=Re\left\{\underline{X}\cdot e^{j(\omega t+\theta)}\right\}=Re\left\{(\underline{X}\cdot e^{j\theta})\cdot e^{j\omega t}\right\} \qquad (3.7)$$

Unter der Annahme, dass der Zeiger immer mit der gleichen Winkelgeschwindigkeit ω dreht, kann der Drehfaktor $e^{j\omega t}$ in der Zeigerdarstellung vernachlässigt werden. Nur die Phasenverschiebung zwischen den Zeigern ist relevant. Der statische Phasor $\underline{X}$ wird wie folgt definiert:

$$\underline{X}=X\cdot e^{j\theta}=X\angle \qquad (2.47)$$

Dabei entspricht X der Amplitude der zu beschreibenden sinusförmigen Größe $\underline{x}(t)=X\cdot\cos(\omega t+\theta)$, dies aber nur unter der Annahme, dass die Frequenz sowie die Amplitude der sinusförmigen Größe in dem betrachteten Zeitintervall konstant sind. Üblicherweise wird der statische Phasor für die stationäre Netzwerkanalyse von Spannung und Strom angewendet [68]. Ein Beispiel zeigt Abb. 2.17.

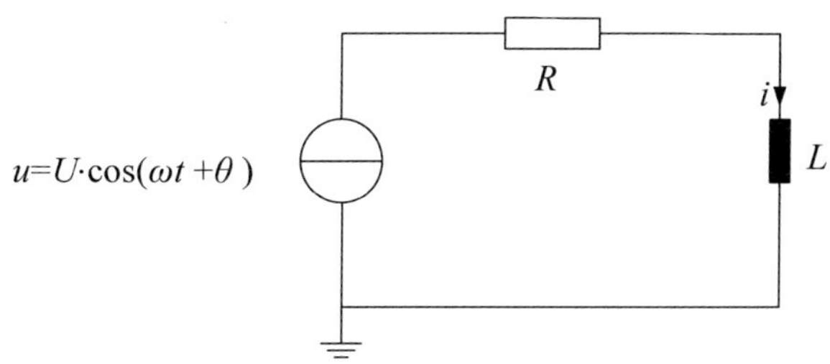

Abb. 2.17: RL-Stromkreis [60]

Der Stromkreis bzw. das transiente Verhalten im Zeitbereich kann durch folgende Differentialgleichung beschrieben werden:

$$\underline{u} = \mathrm{R} \cdot \underline{i} + \mathrm{L} \cdot \frac{d\underline{i}}{dt} \tag{2.48}$$

Mit dem Einsatz von Phasoren bzw. durch die komplexe Beschreibung ergibt sich folgende Gleichung:

$$\mathrm{Re}\left\{\hat{\mathrm{u}} \cdot \mathrm{e}^{\mathrm{j}\{(\omega t+\theta\}_{\mathrm{u}})}\right\} = \mathrm{R} \cdot \mathrm{Re}\left\{\hat{\mathrm{i}} \cdot \mathrm{e}^{\mathrm{j}(\omega t+\theta_{\mathrm{i}})}\right\} + \mathrm{L} \cdot \frac{\mathrm{d}\left(\mathrm{Re}\left\{\hat{\mathrm{i}} \cdot \mathrm{e}^{\mathrm{j}(\omega t+\theta_{\mathrm{i}})}\right\}\right)}{\mathrm{dt}} \tag{2.49}$$

$$\mathrm{Re}\left\{\hat{\mathrm{u}} \cdot \mathrm{e}^{\mathrm{j}\{(\omega t+\theta\}_{\mathrm{u}})}\right\} = \left(\mathrm{R}+\mathrm{L} \cdot \mathrm{j}\omega\right) \cdot \mathrm{Re}\left\{\hat{\mathrm{i}} \cdot \mathrm{e}^{\mathrm{j}\{(\omega t+\theta\}_{\mathrm{i}})}\right\} \tag{3.11}$$

Die Differentialgleichung wird durch die Multiplikation mit jω bzw. durch die Anwendung des Phasors zu einer linearen algebraischen Gleichung. Dadurch reduziert sich die Komplexität und die Ordnung der Systembeschreibung, wodurch schnellere Analysen und Simulationen realisiert werden. Vorausgesetzt wird ein „quasistationärer Zustand“ und damit liegt das Modell mit statischem Phasor in der Architekturebene (siehe Abb. 2.12) und kann nicht für die elektromechanische Transienten-Analyse (ETA) in elektrischen Energiesystem (EES) verwendet werden [46], [49], [54].

Die Anwendungsbeschränkungen des statischen Phasors erfordern eine dynamische Komponente. Auf Basis der verallgemeinerten Mittelwert-Theorie in [56] ergibt sich der dynamische Phasor (dP), auch zeitvarianter Phasor genannt. Dieser wird durch den Fourier-Koeffizienten eines gleitenden Zeitfensters approximiert. Abb. 2.18 skizziert eine im Zeitbereich dargestellte Wellenform $x(\mathrm{t})$ mit gleitendem Zeitfenster $t \in [\tau - \mathrm{T}, \tau]$.

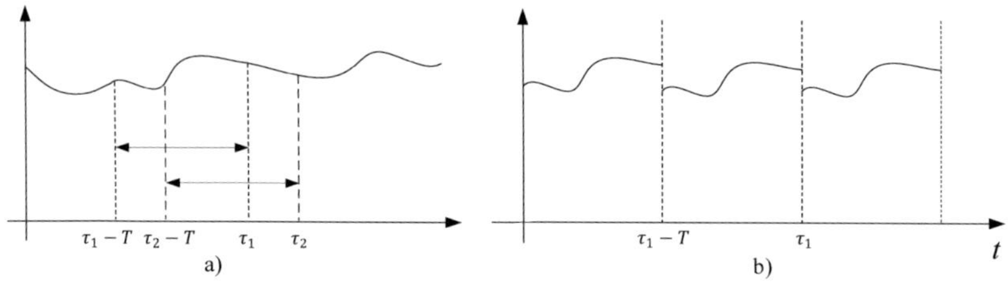

Abb. 2.18: a) gleitende Zeitfenster zum Zeitpunkt τ_1 und τ_2, b) periodische Ersatzgröße zum Zeitpunkt τ_1 [60]

Es wird angenommen, dass die Wellenform jedes gleitenden Zeitfensters periodisch ist. So kann die Kurve jedes Zeitfensters durch eine Fourier-Reihe ausgedrückt werden.

$$\underline{x}(\mathrm{t}) = \sum_{\mathrm{k}=-\infty}^{\infty} \underline{X}_{\mathrm{k}}(\tau) e^{\mathrm{jk}\omega_s \mathrm{t}} \forall \mathrm{k} \in \mathrm{Z} \tag{2.50}$$

Es gilt $\omega_s = \frac{2\pi}{T}$ wobei T für die Länge des gleitenden Zeitfensters steht. Mit $\underline{X}_k$ wird der Fourier-Koeffizient k^{th} in komplexer Form bezeichnet. Die Transformation dafür ergibt sich wie folgt:

$$\underline{X}_k(\tau)=\frac{1}{T}\int_{t-T}^{t}\underline{x}(\tau)e^{-jk\omega_s\tau}d\tau=\underline{x}_k \tag{2.51}$$

T wird nach der Grundfrequenz definiert, d.h. T = 0,02, so dass die Ausdehnung des dynamischen Phasors über die ganze Frequenzachse vermieden wird. In Gleichung (2.51) ist k ganzzahlig und als DP-Index gekennzeichnet. Die Ordnung des dynamischen Phasors oder K von $k \in K$ legt die Approximationsgenauigkeit der betrachteten Kurve fest. Ist der gegebene zeitliche Verlauf eine harmonische sinusförmige Größe x, so kann diese mit der Eulersche Formel geschrieben werden:

$$\underline{x}=\underline{X}\cdot\frac{e^{j\omega\tau}\cdot e^{j\theta}+e^{-j\omega\tau}\cdot e^{-j\theta}}{2}=\underline{X}_1e^{j\omega\tau}+\underline{X}_{-1}e^{-j\omega\tau} \tag{2.52}$$

Gemäß Gleichung (2.51) ergibt sich der DP zu:

$$\langle x_1\rangle = X_1 = \frac{1}{2}Xe^{j\theta} \tag{2.53}$$

Die Beschreibungen der Größe $\underline{x}(t) = X\cdot\cos(\omega t+\theta)$ durch den statischen Phasor $x = X\angle\theta$ und durch den dynamischen Phasor $\underline{x} = \frac{X}{2}\cdot e^{j\theta} + \frac{X}{2}\cdot e^{-j\theta}i$ sind gleich. Resultierend kann die ursprüngliche Größe $\underline{x}(t) = X\cdot\cos(\omega t+\theta)$ im Zeitbereich entweder durch die Summation zweier komplexer Vektoren $\frac{X}{2}\cdot e^{j\theta}$ und $\frac{X}{2}\cdot e^{-j\theta}$ oder direkt durch die Amplitude und Phasenwinkel der Größe dargestellt werden. [54]

In der folgenden Tabelle werden weitere Beispiele zur Verdeutlichung der Funktion des DP-Indexes aufgelistet. Die negativen Frequenzanteile werden dabei nicht aufgeführt.

Tab. 2.5: Beispiele für die Anwendung der dynamischen Phasoren [60]

$x(t)$	DP-Index	DP $V_k(\tau)$
DC-Größe: $\underline{X}_0$	$K=\{0\}$	$\langle x\rangle_0 = V_0$
$X_1\cos(\omega t+\theta_1)+\frac{X_1}{3}\cos(3\omega t+\theta_3)$	$K=\{1,3\}$	$\langle x\rangle_1 = 0{,}5V_1\angle\theta_1;$ $\langle x\rangle_3 = 0{,}5\frac{V_1}{3}\angle\theta_3;$
$X_1\sin(\omega t+\theta_1)+\frac{X_1}{3}\sin(3\omega t+\theta_3)$ $+\frac{X_1}{5}\sin(3\omega t+\theta_5)$	$K=\{1, 3, 5\}$	$\langle x\rangle_1 = 0{,}5V_1\angle\theta_1;$ $\langle x\rangle_3 = 0{,}5\frac{V_1}{3}\angle\theta_3;$ $\langle x\rangle_5 = 0{,}5\frac{V_1}{5}\angle\theta_5;$

Beschreibt $x(\mathrm{t})$ eine beliebige Kurve, sollte die Spanne von K analog zur Tab. 2.5 für jedes gleitende Zeitfenster so groß wie möglich sein, um eine exakte Beschreibung zur realisieren [78]. Daraus folgt, dass der Ansatz des DPs, theoretisch die Darstellung von Harmonischen ermöglicht, solange die Spanne von K groß genug ist [48], [52]. Dies zeigt, dass Harmonische durch die Anwendung des DP-Modells beobachtbar sind.

Durch die Bestimmung des Indexes K, kann die Komplexität eines Phasormodells variabel modifiziert werden, so kann die Effizienz je nach Anwendung verbessert werden. So sind die Ergebnisse des DP-Modells gleich den Ergebnissen des Mittelwertmodells für ein und dieselbe Analyse, siehe Abb. 2.19 [69]. Das DP-Modell verknüpft folglich die Charakteristiken des Mittelwertmodells mit denen des statischen Phasormodells.

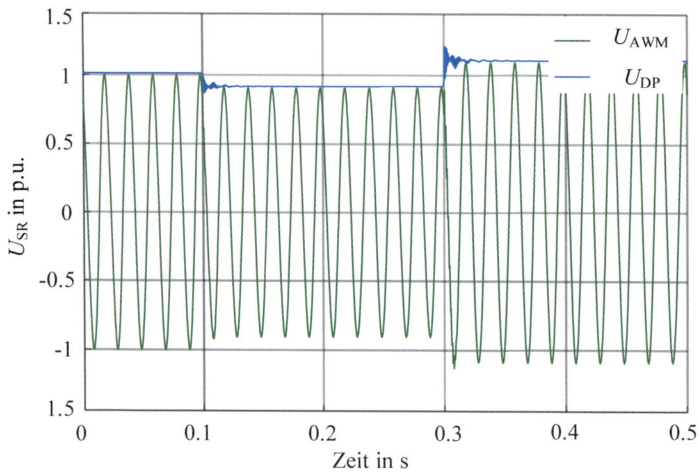

Abb. 2.19: Unterschiede zwischen DP-Modell und Mittelwertmodell (AWM)

Vergleicht man das Mittelwertmodell mit dem DP-Modell bei alleiniger Betrachtung der Grundfrequenzkomponente $K = \{1\}$, so ist das DP-Modell schneller. Die wesentlichen Gründe sind:

- Die Zustandsgröße im Zeitbereich wird im Zeigerbereich umgeformt. In Abb. 2.19 sind die Änderungen des Phasorsignals (schwarze Linie) langsamer und geringer als die des sinusförmigen Signals (punktierte Linie). Dies ermöglicht eine größere Simulationsschrittweite
- wenn $K = \{1\}$ eingestellt wird, werden OS im Netz vernachlässigt. Dies reduziert die Rechenauslastung.

So resultiert, dass das DP-Modell bei Betrachtung der Grundfrequenz effizienter ist. Das DP-Modell wird auch in der Praxis für die Modellierung von FACTS-Anlagen [69], [70] und elektrischen Maschinen [59], [71], usw. verwendet. Falls das DP-Modell auch die Harmonischen betrachtet, z. B. bei $K = \{1,2,3,4,5\ldots\}$, kann es ebenfalls gezielt für die Oberschwingungsanalyse angewendet werden. Wodurch sich aber die Simulationsauslastung erhöht [7], [46].

Tab. 2.6: Klassifizierung der Modellierung von Stromrichtern

<table>
<tr><th>Modellebene</th><th>Anwendungsbereich</th><th>Typisches Modell</th><th>Vor- und Nachteile</th></tr>
<tr><td>Architektur-</td><td>Quasistationärer Zustand</td><td>-----</td><td>-----</td></tr>
<tr><td rowspan="2">Funktionse-</td><td rowspan="2">Elektromagnetische Transiente
Quasistationärer Zustand,
(Oberschwingung*)</td><td>Mittelwertmodell</td><td>+ Mittelwert-Simulation (Grundfrequenz)
+ ausreichend genau und schnell für elektromagnetischen transienten Fall
+ geeignet für großes System
- ineffizient beim Fehlerauftritt</td></tr>
<tr><td>Dynamisches Phasormodell</td><td>+ ausreichend genau und schnell für elektromagnetischen transienten Fall
+ flexibler Einsatz mit Index K
+ kann Oberschwingung beschreiben
+ geeignet für großes System</td></tr>
<tr><td>Verhaltens-</td><td>Dynamik bis Schaltfrequenz,
ElektromagnetischeTransiente,
quasistationärer Zustand</td><td>Schaltmodell</td><td rowspan="2">+ Augenblickswert-Simulation
+ Betrachtung der hochfrequenten Phänomene
+ geeignet für EMT
- aufwendig für die Analyse der elektromechanische Transiente
- langsame Simulation großer Systeme</td></tr>
<tr><td>Komponen-</td><td>EMT,
Elektromagnetische Transiente
quasistationärer Zustand</td><td>Detailliertes Modell</td></tr>
</table>

2.4 Stabilitätskriterien

Zentralen Einfluss der Stromnetzstabilität und somit des Systemzustands nehmen die drei Größen Rotorwinkel, Frequenz und Spannung. Daher wird die Stabilität von Stromnetzen in diese drei Klassen unterteilt, wie Abb. 2.20 veranschaulicht. Diese Klassifikation dient zur besseren Analyse und Behebung von Stabilitätsproblemen in Stromnetzen.

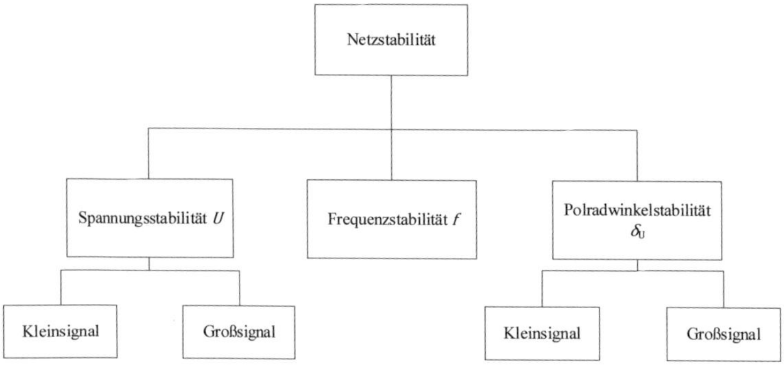

Abb. 2.20: Klassifikation der Netzstabilität [89], [90]

Ein stabiles Rotorwinkelverhalten bedeutet, dass ein Generator trotz externer Störungen das synchrone Verhalten zum Stromnetz beibehält. Dies gelingt durch das Erhalten bzw. Wiederherstellen des Gleichgewichts zwischen dem elektromagnetischen und mechanischen Drehmoment jeder einzelnen Synchronmaschine im Stromnetz. Ein instabiles Rotorwinkelverhalten offenbart sich durchwachsende Schwingungen in Generatoren und hat zur Folge, dass diese Generatoren nicht mehr synchron zu den anderen Generatoren im Netz sind. Zur Analyse der Rotorwinkelstabilität werden elektromechanische Schwingungen im Stromnetz untersucht. [46], [72]

Ein stabiles Frequenzverhalten zeichnet sich dadurch aus, dass die gewünschte Netzfrequenz trotz schwerwiegender Störungen wiederhergestellt wird. Die Störungen resultieren aus Ungleichgewichten zwischen Erzeugung und Last. Ein instabiles Verhalten bedeutet, dass aufgrund der Frequenzschwankungen Erzeugungsanlagen bzw. Lasten vom Netz getrennt werden. Frequenzstabilität kann als kurzfristiges oder langfristiges Phänomen auftreten. [46], [72]

Wenn sich die Spannungsamplituden aller Knoten im Netz zu jedem Zustand innerhalb eines akzeptablen Bereichs befinden, so ist das Netz spannungsstabil nach Cigré [73]. Somit liegt ein instabiles Spannungsverhalten vor, wenn kleine oder große Störungen ausreichen, um die Spannung an einzelnen oder mehreren Knoten außerhalb des Toleranzbandes zu führen. Diese Instabilität tritt ausschließlich in Systemen mit starker Auslastung auf. Eine typische Charakteristik dieser Systeme ist der sehr hohe Blindleistungsbedarf, auf Erzeuger- und Verbraucherseite, für eine Übertragung von elektrischer Wirkleistung. Das Ungleichgewicht zwischen benötigter und zur Verfügung stehender Blindleistung im Übertragungsnetz, ist die Ursache für Spannungsinstabilität [50, 104].

Spannungsstabilität kann sowohl als kurzfristiges als auch als langfristiges Phänomen auftreten. Kurzfristige Spannungsstabilität wird oft in Systemen mit schnell agierenden Lastkomponenten beobachtet, wie zum Beispiel bei Induktionsmotoren und Hochspannungsgleichstromkonvertern. Dagegen tritt langfristige Spannungsstabilität oft in Systemen mit langsam agierenden Komponenten auf, wie zum Beispiel bei Stufenschaltern für Hochleistungstransformatoren und Generatorspannungsbegrenzern [74], [75].

Im Allgemeinen beziehen sich Stabilitätsaussagen auf die Ruhelage eines Systems, weshalb man hierbei auch von der Stabilität des Systems spricht. Im Weiteren werden lineare zeitinvariante (LTI) Systeme in der Zustandsraumdarstellung betrachtet. Dies bedeutet, dass die Reaktion des Systems unabhängig vom Zeitpunkt der Auslenkung aus dem stationären Zustand erfolgt. Die methodische Stabilitätsprüfung erfolgt, je nach Beschreibung des Regelkreises, im Zustandsraummodell im Zeitbereich oder mittels der Übertragungsfunktion im Bildbereich respektive Frequenzbereich, vgl. Abb. 2.21.

Der Fokus dieser Ausführungen liegt auf den Betrachtungen zur Stabilitätsanalyse im Frequenzbereich, sodass für die Stabilitätsuntersuchung nach Lyapunov für die Darstellung im Zustandsraummodell auf einschlägige Literatur verwiesen wird. Für die Betrachtungen mittels der Übertragungsfunktion im Bildbereich gibt es verschiedene Methoden. Die grundlegenden Kriterien wurden von Hurwitz und Routh erstellt. Diese dienen für die Untersuchung der Stabilität von Regelkreisen, welche eine anschauliche Untersuchung bietet und daher auch in der Forschung große Anwendung findet. Bei diesem analytischen Verfahren wird das charakteristische (Nenner-)Polynom $U(s)$ des Systems untersucht.

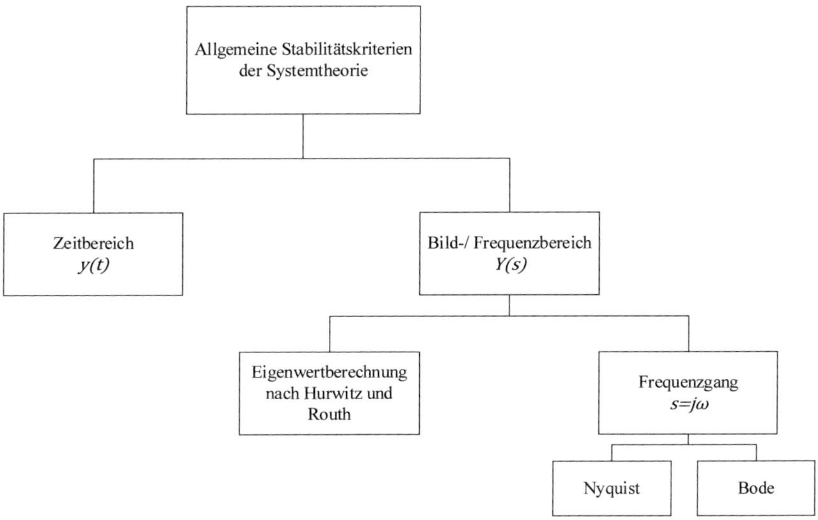

Abb. 2.21: Stabilitätskriterien der Systemtheorie für LTI

Hierbei findet eine Faktorisierung von $\underline{U}(s)$ statt, sodass die Nullstellen des Nenner Polynoms, welche Polstellen bzw. Eigenwerte genannt werden, vorliegen. Die Polstellen setzen sich aus einem Realteil δ und einem Imaginärteil ω zusammen und liegen dabei entweder als reeller Pol oder als konjugiert komplexes Polpaar s_i vor, vgl. Abb. 2.22. Die Nullstellen s_{0i} des Zählers besitzen dagegen keinen Einfluss auf die Stabilität bzw. auf das Gesamtübertragungsverhalten der Übertragungsfunktion.

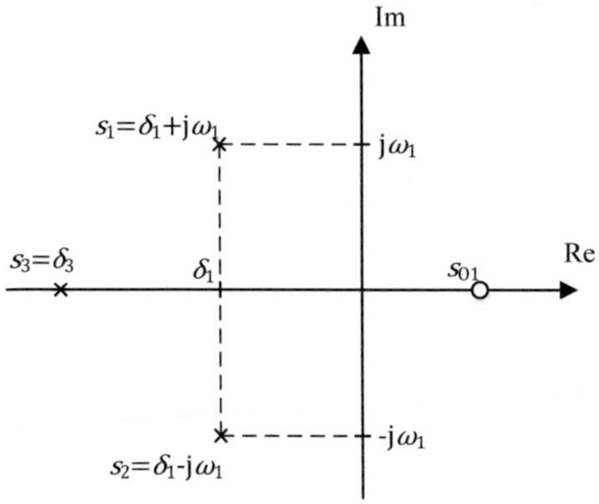

Abb. 2.22: Polnullstellendiagramm in der s-Ebene

Je nach Lage der Eigenwerte ist eine Einteilung der Übertragungsfunktion hinsichtlich derer Stabilität möglich. Bei einer Lage der Polnullstellen auf der negativen Seite der komplexen Halbebene wird von asymptotisch stabil gesprochen. Für den Fall eines Einschlusses der imaginären Achse wird die Stabilität als grenzstabil bezeichnet. Ein Übertragungssystem ist instabil, wenn eine oder mehrere Eigenwerte auf der rechten Halbebene liegen.

Bei einer Lage der Polnullstellen im negativen Realbereich der s-Ebene, welche über einen imaginären Anteil verfügen, sprich, es handelt sich um eine komplex konjungierte Polstelle, ist ein Schwingungsanteil in den Eigenwerten mit enthalten, sodass eine Schwingung des Systems bei Anregungen vorliegt. Diese ist jedoch abklingend. Für den Fall, dass mehrere Eigenwerte vorliegen, setzt sich die Schwingungsfrequenz des Systems bei Anregungen als Summe der jeweiligen Schwingungsanteile f_i, welche aus den jeweiligen Imaginäranteilen ω_i berechnet werden können (vgl. Gleichung 2.3), zusammen.

$$f_i = \frac{|\omega_i|}{2\pi} \tag{2.3}$$

Hierbei sind jedoch lediglich alle Pole oder Polpaare mit den betragsmäßig geringsten Realanteilen δ_i relevant, welche als dominante Pole bezeichnet werden (Einteilungsgrenze: $\delta_{\text{nicht dominant}} > 10 * \delta_{\text{dominant}}$). Diese bestimmen das Verhalten der Übertragungsfunktion maßgeblich, sodass der Einfluss im hochfrequenten Schwingungsbereich vernachlässigt werden kann. Für die exakte mathematische Darstellung des Gesamtschwingverhaltens einer Übertragungsfunktion, resultierend aus den einzelnen Polstellen, wird auf entsprechende Fachliteratur verwiesen [76] [77]. Konjungiert komplexe Polpaare besitzen ein oszillatorisches Verhalten. Deren Dämpfungsgrad ζ wird mittels Gleichung 2.4 berechnet. Dabei ist erkennbar, dass mit steigenden δ_i, bei konstanten ω_i, der Dämpfungsgrad zunimmt.

$$\zeta_i = -\frac{\delta_i}{\sqrt{\delta_i^2 + \omega_i^2}} \tag{2.4}$$

Aus der Lage der Eigenwerte können weitere Informationen, wie z.B. das Übertragungsverhalten bzw. deren Systemverhalten, gewonnen werden. Hierbei besteht die Möglichkeit das Schwingungsverhalten der Eigenwerte hinsichtlich deren Überschwingen, der Zeitkonstante τ, als Ausmaß der Anstiegszeit der Systemantwort, und der Einschwingzeit des Systems bei Anregungen zu untersuchen, siehe Abb. 2.23.

Die Einschwingzeit entspricht einer Grenze, ab welcher das Systemverhalten sich nicht mehr um einen bestimmten Prozentsatz, dieser entspricht in der Fachliteratur ± 2 % vom stationären Wert, abweicht [76]. Das Überschwingverhalten des Systems von $y(t)$, der sog. Overshoot, welches dem Zeitverhalten von Y(s) entspricht, wird als Prozentverhältnis zu der Differenz der stationären Zustände von $y(t)$, vor und nach dem Abklingen der Anregung angegeben. Die Reaktionsfähigkeit des Systems $y(t)$ wird durch die Zeitkonstante τ angegeben. Diese gibt allgemein an, wie lange es dauert, bis ein System auf 63,2 % des Endwertes angestiegen ist.

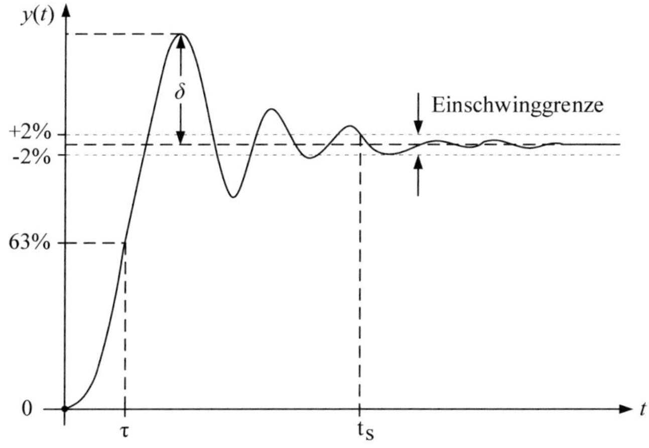

Abb. 2.23: Zeitverlauf mit charakteristischen Kenndaten

Bei der Auslegung von Regeleinheiten, und somit des gesamten Systemübertragungsverhaltens, werden im Allgemeinen als Zielgrößen eine Robustheit des Systems, respektive Stabilität des Systems gegenüber Störungen und Modellunsicherheiten, und Fähigkeit zur Störgrößenausregelung, sprich einer entsprechenden Schnelligkeit zu deren Umsetzung, verstanden [77]. Für Erreichung des ersten Kriteriums wird vornehmlich ein hoher Dämpfungsgrad sowie geringes Überschwingen gefordert. Dies geht zumeist mit einer größeren Zeitkonstante sowie einer längeren Einschwingzeit einher. Dementsprechend ist normalerweise auf einen negativen gegenseitigen Einfluss der beiden Zielgrößen bei Auslegung von Regeleinheiten der Übertragungsfunktionen zu schließen. Mit Hilfe der Beeinflussung der dominanten Polstellenlage ist hierbei jedoch eine gezielte Beeinflussung der Systemstabilität und deren Übertragungsverhalten möglich.

Eine weitere Untersuchung im Frequenzbereich erfolgt anhand der Analyse des Frequenzganges [76] [78]. Hierbei wird eine alternative Darstellungsform mit Hilfe einer Ortskurve dem sog. Nyquist-Diagramm oder Bode-Diagramm verwendet. Das Nyquist-Diagramm stellt anhand der jeweiligen Zeigerlängen das Amplitudenverhältnis und sein zugehöriges Argument φ der Phasenverschiebung zwischen Input- und Outputgröße in frequenzabhängiger Form dar, sodass s = jω gilt. Stabilität ist nach dem Nyquist-Kriterium gegeben, wenn die Ortskurve, entsprechend dem Amplitudenverhältnis, zu keiner Frequenz ω den Wert (-1) auf der reellen horizontalen Achse umschließt bzw. berührt. Für deren exakte grafische Darstellung wird auf Fachliteratur verwiesen [77]. Das Bode-Kriterium verwendet hingegen die graphische Darstellung von Amplituden- und Phasenverschiebung in zwei getrennten Diagrammen mit den sog. Bode-Diagrammen. Mit Hilfe einer logarithmischen Darstellung des Amplituden- und Phasengangs in Abhängigkeit der Frequenz ω wird das Übertragungsverhalten visualisiert, sodass die Stabilität eines Systems ablesbar wird. Diese liegt insofern vor, gemäß dem Stabilitätskriterium von Nyquist, wenn die Phasenverschiebung φ einen größeren Wert als -180° aufweist. Es ist jedoch bei der Systemauslegung erstrebenswert, dass ein größerer Abstand zu dieser Grenze, als sog. Phasenreserve vorliegt. Dementsprechend ist eine Entfernung von niederfrequenten Grundfrequenzen erkennbar und eine gleichgehende Stabilitätszunahme annehmbar. Bei den Untersuchungsformen anhand des Frequenzganges handelt es sich demnach lediglich um eine alternative Darstellungsform. Daher wird für weiterführende Beschreibungen dieser Methoden zur Stabilitätsbeurteilung auf Fachliteratur verwiesen [77]. Dabei bietet eine gezielte, in definierten Schritten, durchgeführte Variation der Auslenkung respektive der Parametrierung des Systems, mit resultierender Veränderung des Systemzustandes, die Möglichkeit, eine Aussage über die Sensitivität des Systems bezüglich der Veränderungen zu treffen. Somit sind auch eine methodische Erhöhung bzw. Steuerung der Stabilität zur zielgerichteten Beeinflussung der Veränderungen der Reaktion des Systems möglich. Die Visualisierung der Eigenwertbewegung bietet mit der grafischen Wiedergabe der Änderung der Polstellen im Koordinatensystem, mit Bezug der variierten Größen, eine anschauliche Darstellung deren Wanderung dar.

2.5 Wechselwirkungen im Umrichter dominierten Netz

Wichtiger Bestandteil der erneuerbaren Energien sind PV-Anlagen und Windenergieanlagen (WEA) [18]. Diese Anlagen werden über Umrichter mit dem elektrischen Netz gekoppelt. Im Zuge der steigenden Durchdringung von PV-Anlagen und WEA im elektrischen Netz, steigt die Anzahl von Geräten, basierend auf leistungselektronischen Bauelementen (LEB), in diesen Netzen an [79], [80]. Umrichter unterscheiden sich fundamental vom klassischen Generator und führen im Verteilnetz zu neuen Herausforderungen [64], [64], [65], [81]–[85], welche im Folgenden umrissen werden. Umrichter erzeugen eine Verzerrung des Versorgungsstromes und der Spannungswellenform. Ferner beeinflussen Umrichter die Spannungsqualität auf vielseitige Weise. [86], [87].

Ist dem AC Strom oder der AC Spannung eine Gleichkomponente überlagert (DC-Komponente) spricht man von einem DC-Versatz. Eine der Ursachen für einen DC-Versatz ist die Halbwellengleichrichtung, welche beispielsweise in Glühlampen eingesetzt wird. Der DC-Versatz bewirkt eine Vormagnetisierung des Transformators, wobei die Verlustleistung steigt [87]. In [88] wird der Effekt der steigenden Windeinspeisung ins britische Übertragungsnetz quantifiziert und die Auswirkungen auf die Systemstabilität bewertet. Dabei werden auch neuartige Technologien wie HVDC-Übertragungen berücksichtigt, eine genaue Analyse der Umrichter Wechselwirkungen findet nicht statt. Auch [89] untersucht die Systemstabilität unter Betrachtung von HVDC-Übertragungen. Dabei wird eine spezielle HVDC-Übertragung mit dem zugehörigen Übertragungsnetz in der Volksrepublik China betrachtet. Es wird der Einfluss dieser HVDC-Übertragung auf die Dämpfung der Eigenwerte des Elektroenergiesystems analysiert. Eine Analyse von Umrichter Wechselwirkungen findet auch hier nicht statt. In [90], [91] wird der Einfluss von SVC, TSC und TCR auf die Systemstabilität des Übertragungsnetz allgemein untersucht. In [29] wird vor allem auf die Möglichkeit der dynamischen Frequenzstützung durch SVCs eingegangen. Dabei thematisiert [90] das Blindleistungsmanagement von Netzen, welches durch SVC, TSC und TCR optimiert werden kann. Des Weiteren werden Verfahren zur dynamischen Spannungsstützung im Kurzschlussfall entwickelt, welche die Stabilität des Netzes verbessern. [92] betrachtet den Einfluss von doppeltgespeisten Asynchronmaschinen auf die Stabilität von Verteilnetzen. Dabei wird die Systemstabilität im Kurzschlussfall untersucht.

Notching bezeichnet eine wiederkehrende Störung in der Spannungsqualität, hervorgerufen durch den normalen Betrieb von LEB wie zum Beispiel Gleichrichtern. Notching entsteht durch den Kommutierungsprozess des Stromes und verursacht Spannungsharmonische. Das Phänomen wird vorwiegend durch Dreiphasengleichrichter bzw. -umrichter erzeugt. Der Betrag des Notchings wird durch die Quellinduktivität (Induktivität zwischen Gleichrichter/Umrichter) beeinflusst. Führt das Notching zu einem Nulldurchgang der Spannung, kann es zu Fehlfunktionen von Controllern führen, welche die Spannungsnulldurchgänge der Versorgungsspannung als Taktsignal nutzen. [86]

Ferner kann es auch zu ungewollten Wechselwirkungen zwischen der Blindleistungsregelung von PV-Anlagen und den UW-Transformatoren kommen [87], [93]. Darüber hinaus können die Steuerungsalgorithmen des Umrichters auch die Netzstabilität beeinflussen [64], [85], [94]. Werden Umrichter mit LCL-Filter eingesetzt, kann es zu Resonanzerscheinungen im elektrischen Netz kommen, welche die Netzstabilität in der Form von Spannungsschwingungen gefährden können [64], [81], [82], [85], [95].

Ein weiteres Phänomen ist der Taktdrift. In vielen Verfahren wird jeder einzelne Wechselrichter mit einem eigenen Prozessor betrieben. Aufgrund des Taktdrifts weichen die Takte, welche zur Erzeugung der Zeitsignale der einzelnen Prozessoren verwendet werden, voneinander ab. Der Taktdrift ist der Hauptgrund, warum Wechselrichter, welche mit fester elektrischer Frequenz betrieben werden, nicht parallel betrieben werden können. Ausgenommen sind Netzwerke, welche ein genaues Taktsynchronisierungssystem besitzen, was aber nur selten der Fall ist. Um die Auswirkungen des Taktdrifts auf ein Microgrid quantifizieren zu können, wird ein Modell eines Wechselrichters mit unbekanntem Taktdrift entworfen [81]. Die relevanten Taktdrifts sind dargestellt. In dem Versuch wurden die Wechselrichter mit einer konstanten Frequenz und einer festen Spannungsamplitude betrieben. Es zeigt sich, dass die eingespeiste Leistung der Wechselrichter oszilliert. In einem realen Microgrid wird eine Quelle, die ihre Nennleistung überschritten hat, von dem Schutz getrennt [96].

Tab. 2.7: Übersicht der Forschung zur Wechselwirkung zwischen Umrichtern und Netzelement

Art der Wechselwirkung	**Referenz**
Spannungsqualität und Umrichter-Oberschwingungen	
Verzerrungen von Netzspannung und -strom durch Umrichter	[86] [97] [98]
Modulationstechnik von Umrichter und Netzspannung	[99]
Resonanzkreis mit Verbraucher und Transformator	[100]–[104]
Bereitstellung von Systemdienstleistungen	
Interferenz mit Umspannwerk (MS)-Transformator für die Bereitstellung von Blindleistung	[93]
Interferenzen bei der Breitstellung von Primär-/ Sekundärregelung mit Umrichtern	[105]
Stabilitätsprobleme	
Netzverträglichkeit hinsichtlich wachsenden Anteiles von Umrichtern	[65] [106], [107]
Fehlerhafte Netzfrequenzsynchronisation der UR	[28], [81]
Fehlererkennung (Umrichter und Netz)	[100], [108], [109]
Parametrierung von Droopkoeffizienten und Netztopologieeinflüsse	[82] [110]–[113]
Einfluss von UR auf andere Netztechnologien (Kabel, Last)	[103]
Inselnetzbildung und -betrieb	
Kontrolltechnik für Umrichter zur Teilung der Einspeiseleistung im Inselnetzbetrieb	[65] [82], [114]

Im Gegensatz zu den zuerst beschriebenen Wechselwirkungen führt Tab. 2.8 eine Übersicht der Wechselwirkungen zwischen Umrichtern UR, welche erst in letzter Zeit zunehmend an Aufmerksamkeit gewinnen.

Tab. 2.8: Übersicht der Forschung zu Wechselwirkungen zwischen Umrichtern

Beschreibung	Stabilitätskriterien	Simulationsmodell	Referenz
Verschiedene Strommessverfahren von UR führen zu Harmonischen	IBSC, Bode, Zeitverlauf, Nyquist, THD	2-3 UR	[29], [115]
Auftreten von Harmonischen bei parallelen UR (Einzelne UR agieren stabil am Netz)	IBSC, Bode, Nyquist, Zeitverlauf	2 - 3 UR	[116] [117] [118] [119], [120]
Einfluss von UR-Filter auf Harmonische	Nyquist, Bode, IBSC, PBSC	2-5 UR	[64] [121], [122]
Zusätzlicher Einfluss der Impedanz von parallelen UR	IBSC, Nyquist, Zeitverlauf	2 UR	[115] [123]
Einfluss der Outputimpedanz von steigender UR-Anzahl hinsichtlich abnehmender Stabilität	IBSC, Bode, Nyquist, Zeitverlauf	3 UR	[117]
Interaktion von parallelen UR, Einfluss des Filters	Bode, Zeitverlauf	3 UR	[124] [85]
Einfluss der Outputimpedanz von steigender UR-Anzahl hinsichtlich abnehmender Stabilität	IBSC, Bode, Nyquist, Zeitverlauf	3 UR	[117]
Interaktion von parallelen UR, Einfluss des Filters	Bode, Zeitverlauf	3 UR	[124]
Bestimmung des Stabilitätslimits des konventionellen PLL in Abhängigkeit der Netzimpedanz unter dem Einfluss von parallelen UR	IBSC, Bode, Nyquist, Polnullstellenwanderung, Zeitverlauf	1 UR, parallele UR sind durch Inputimpedanz abgebildet	[28], [125]–[127]

Damit das elektrische Netz mit einem hohen Anteil von Umrichter-basierten Erzeugern und Lasten stabil betrieben werden kann, gilt es die oben genannten Wechselwirkungen zu beherrschen bzw. zu minimieren. In [85], [96] [95], [128] werden mögliche Lösungen und Steuerungsmethoden diskutiert und miteinander verglichen. Die im elektrischen Netz vorherrschenden Oberschwingungen können durch die Anwendung von passiven und aktiven Filtern reduziert werden [128]. Stabilitätsprobleme, welche durch Umrichter mit LCL-Filter verursacht werden, können durch aktive Dämpfungsverfahren reduziert werden [64], [85], [95]. In [81], [83]und [96]werden Steuerungsmethoden vorgeschlagen und miteinander verglichen.

Betrachtet man ferner die Forschungsergebnisse der letzten Jahre im Bereich der Stabilitätsuntersuchung im Übertragungsnetz und Verteilnetz, so findet keine Einbeziehung von Umrichter-dominierten Szenarien statt. Es kann festgestellt werden, dass die meisten Publikationen Spannungsqualität und Großsignalstabilität von Umrichter-dominierten Netzen thematisieren. Keine Publikation untersucht die Kleinstabilität von Umrichter-dominierten Netzen, speziell von Umrichter-dominierten Verteilnetzen. Auch die Betrachtung von Umrichter- dominierten Netzen im Kurzzeitbereich konnte in keiner anderen wissenschaftlichen Arbeit gefunden werden.

2.6 Öffentlich geförderte Projekte und Studien

Zur besseren Einordnung der in dieser Arbeit thematisierten Forschungsfragen wird im folgenden Abschnitt ein Überblick hinsichtlich der aktuellen F&E-Projekte in Europa und Nordamerika auf diesem Gebiet gegeben. Die Einschränkung auf diese beiden Regionen liegt in der Tatsache begründet, dass hier der Großteil der relevanten Forschungsprojekte mit öffentlich zugänglichen Informationen über die Ergebnisse stattfindet.

Verteilnetz 2020

Das im Rahmen der Forschungsinitiative „Stromnetze“ geförderte Projekt „Verteilnetz 2020“ thematisiert die Steigerung von Erzeugungsleistung im Niederspannungsnetz durch den Einsatz von innovativen Betriebsmitteln. Ferner wird ein Fokus auf die Verbesserung der Netzqualität gelegt. Die eingesetzten innovativen Geräte sind Umrichter, welche dezentrale Energieerzeugungsanlagen an das Netz koppeln. Durch eine erweiterte Funktionalität kann die Spannung gehalten und gezielt Wirk- und Blindleistung eingespeist werden. Ferner sollen regelbare und dezentrale Energiespeicher entwickelt werden, welche durch intelligente Ladestrategien das Netz gezielt entlasten sollen. Darüber hinaus soll der Einsatz von Längsreglern in Ortsnetzstationen, Fehler im Netz kompensieren und einen Beitrag zur Spannungshaltung liefern. Das Projekt zeichnet sich durch die zentrale Regelung der einzelnen Komponenten aus. In der Netzleitwarte werden alle intelligenten Komponenten eingebunden. Die Kommunikation der Betriebsmittel untereinander soll mit Powerline realisiert werden. Das Konzept wird in einem Labortest simuliert und anschließend in einem Feldversuch mit dem beteiligten Netzbetreiber, Infra Fürth GmbH, erprobt. [129], [130]

DC-Direkt

Das ebenfalls im Rahmen der Forschungsinitiative „Stromnetze“ geförderte Projekt „DC-Direkt“ untersucht die Anbindung leistungselektronischer Systeme an ein Mittelspannungs-DC-Netz (MVDC). Gleichspannungsnetze finden sich vor Allem bei der Energieübertragung über große Distanzen, aber auch im Niederspannungsbereich. Der Bereich der Mittelspannung ist von Gleichspannungsnetzen noch weitgehend unerschlossen. Im Rahmen des Projektes werden technische und wirtschaftliche Aspekte von MVDC untersucht. Zuerst werden die notwendigen Komponenten herausgearbeitet, welche für die Realisierung von DC-Netzen relevant sind, und welche Spezifikationen diese erfüllen müssen. Der Schwerpunkt wird auf geeignete Stromrichter, DC-Schalter, DC-Sicherungen und DC-Strommessern gelegt. [131], [132]

Ferner werden unterschiedliche Stromrichtertopologien, wie „modular multilevel converter“ (MMC) oder „Neutral-Point Clamped Converter“ (NPC), bezüglich der Wirtschaftlichkeit verglichen. Darüber hinaus sollen integrierte Schutzmechanismen erprobt werden. Ein weiterer wichtiger Aspekt des Projektes sind die verwendeten Regelalgorithmen für die netzspeisenden Stromrichter.

Unter bestimmten Umständen kann das Verhalten der Stromrichter zu Spannungsinstabilitäten führen, welche die Systemstabilität gefährden. In Systemsimulationen werden unterschiedliche Regelalgorithmen, bezogen auf die Wahrung der Systemstabilität, untersucht. Anschließend werden diese mit dem „Hardware in the Loop“ (HIL)-Verfahren verifiziert. [133]

StabLE

„StabLE“ wird durch das Bundesministerium für Wirtschaft und Energie gefördert. Das Projekt thematisiert die Auswirkungen der zunehmenden Anzahl von leistungselektronischen Komponenten in der Nieder- und Mittelspannung. Dabei wird vor allem auf die Netzstabilität eingegangen. Ziel des Projektes ist es, die Stabilität durch zentrale und dezentrale Regelungs- und Optimierungsansätze zu verbessern. Die Stromrichter besitzen einen erweiterten Funktionsumfang, in Form einer adaptiven Regelung und Kommunikationsverbindung. So besteht die Möglichkeit zusätzliche Netzdienstleistungen zu erbringen. Als Beispiel für eine zusätzliche Netzdienstleistung kann das Identifizieren und Lokalisieren von Netzfehlern genannt werden. Maßgeblich für leistungselektronisch dominierte Netze sind die implementierten Stromrichteralgorithmen, welche in diesem Projekt analysiert und anschließend experimentell untersucht werden. Die experimentelle Validierung findet anhand eines Prototyps im Verteilernetz statt. [134]

Ein weiterer Teil des Projektes befasst sich mit der Bereitstellung von Momentanreserve und Regelleistung bei zunehmender Abnahme von rotierenden Massen und gleichzeitiger Zunahme von leistungselektronisch gekoppelten Speichern, Erzeugungseinheiten und Verbrauchern. Ziel ist es eine hohe Netzstabilität, Robustheit gegen äußere und innere Störungen und eine hohe Versorgungssicherheit bei zunehmender Einspeisung aus regenerativen Energiequellen zu gewährleisten. Der Fokus der Forschungen richtet sich auf den Entwurf von lokalen Reglern der Stromrichter und die Stabilität von einzelnen Netzbereichen. Die Regler-Einstellung erfolgt auf Basis des aktuell geschätzten Netzzustandes. Dies geschieht regelungstechnisch robust, so dass der Parallelbetrieb der dezentralen Stromrichter auch ohne Kommunikation stabil ist. Des Weiteren soll überprüft werden, ob mit der Zustandsschätzung des Netzes, Fehler im Netz detektiert werden können und eine Inselbildung erkannt werden kann. Ferner soll auf Grundlage der Regelkonzepte und Hardwarelösungen ein Systemkonzept entwickelt werden, wodurch ein technisch und wirtschaftlich optimierter Betrieb von Netzen erreicht wird. Die hervorgehenden Regelkonzepte und Hardwarelösungen werden zusammen mit den Projektpartnern „Siemens“ und „IAV“ im Nieder- und Mittelspannungsnetz praktisch erprobt. [135]

Synchronverter

Das Projekt „Synchronverter“ wird im Rahmen des „Horizon 2020“-Programmes der Europäischen Union gefördert. Hintergrund des Projektes ist der steigende Anteil von regenerativ erzeugter Energie in den Stromnetzen. Die stabilisierenden Schwungmassen von Generatoren nehmen sukzessive ab, so dass die Netzstabilität nachhaltig beeinträchtigt wird. Die Lösung dieser Problemstellung ist das Hauptziel des Projektes. Im Fokus steht die Entwicklung eines gleichnamigen Bauelements, welches zusammen mit einem konventionellen Umrichter das Verhalten einer Synchronmaschine emulieren kann. Der Synchronverter basiert auf einem komplexen Steuerungsalgorithmus, wodurch die Stabilität in umrichterdominierten Netzen erhöht werden kann. Des Weiteren soll mit der stabilisierenden Eigenschaft des Synchronverters die Durchdringung von erneuerbaren Energien in Netzen erheblich gesteigert werden können, sodass ein Anteil von nahezu 100 % erreicht werden kann. Der Synchronverter soll in Verbundnetzen und in Inselnetzen einsetzbar sein. [136], [137]

DCNextEve

Das Projekt „DCNextEve“ wird aus dem „Horizon 2020“-Programm der Europäischen Union gefördert. Es thematisiert DC-Microgrids, welche bei der Integration von dezentralen, volatilen Energieerzeugungsanlagen in das elektrische Netz eingesetzt werden können. Ziel des Projektes ist die Entwicklung von neuartigen Methoden für das Management und Steuerung von DC-Microgrids. Die Methoden sollen unter Laborbedingungen getestet werden. Ein weiteres Ziel des Projektes ist die Erarbeitung eines Modellierungs- und Regelungsansatzes für zukünftige DC-Microgrids in Gebäuden. Darüber hinaus sollen im Rahmen des Projektes, für die einzelnen Bestandteile eines DC-Microgrids, Modelle erstellt und anschließend validiert werden. Ferner werden stochastische Modelle entwickelt, welche den optimalen Betrieb von DC-Microgrids unter Unsicherheiten ermöglichen. [138], [139]

Interflex

Das Projekt „Interflex“ wird im Rahmen des „Horizon 2020“-Programmes der Europäischen Union gefördert. Fünf Verteilernetzbetreiber (CEZ distribuce, ERDF, EON, Enexis, Avacon) und Industriepartner im Bereich der elektrischen Energietechnik, erforschen im Rahmen des Projektes, inwiefern smart-grids die Energiewende unterstützen können und welche Anforderungen daraus für die Verteilnetzbetreiber erwachsen. In 18 konkreten Anwendungsfällen sollen Technologien erforscht werden, welche die Flexibilität des lokalen Energiesystems erhöhen. Dabei beschränken sich die Projektteilnehmer auf folgende Technologien: Energiespeichersysteme, Lastmanagementsysteme mit Kopplung von Strom und Gas, Integration von Elektrofahrzeugen, Automatisierung des Netzbetriebs und Microgrids. Die Anwendungsfälle werden anhand von Demonstratoren in verschiedenen europäischen Ländern umgesetzt. Themen sind: Verbesserung der Flexibilität im Verteilnetz, Bedeutung von IT-Lösungen, um die Geschwindigkeit der Automatisierung zu erhöhen und Erhöhung der Netzwerkautomatisierung und des Aggregationsniveaus, um lokale Flexibilitätsmärkte zu validieren. Für die vielversprechendsten Anwendungsfälle sollen Einsatzpläne ausgearbeitet werden, um eine zukünftige Umsetzung ermöglichen zu können. [140], [141]

RE-SERVE

„RE-SERVE“ (Horizon 2020) thematisiert die Netzstabilität in Zeiten von abnehmenden rotierenden Massen im Elektroenergiesystem. Ziel des Projektes ist es neue Energiesystemkonzepte zu erforschen, welche als Systemunterstützungsdienste implementiert werden können. So soll eine verteilte, mehrstufige Steuerung des Energiesystems unter Verwendung von europaweit einheitlichen Netzwerkverbindungscodes ermöglicht werden. Die Grundlage für die Steuerung und Kommunikation soll der Mobilfunkstandard „5G“ bilden. Die entwickelten Konzepte werden mit dem HIL-Verfahren untersucht. Ferner soll eine europaweite Simulations-Testumgebung geschaffen werden.

Die Ergebnisse des Projektes umfassen Modelle von Systemunterstützungsdiensten, sowie innovative Architekturen zur Implementierung dieser Dienste. [97], [142], [143]

DCSMART

Das Projekt „DCSMART" wird durch den Support Action „ERA-LEARN 2020" unterstützt, welche durch das „Horizon 2020"-Programm der Europäischen Union realisiert wird. Das Vorhaben greift den Umstand auf, dass durch den vermehrten Einsatz von dezentralen und regenerativen Energieerzeugungssystemen immer mehr Erzeuger im Niederspannungsnetz auf Gleichstrom basieren. Dasselbe gilt für die Mehrheit der angeschlossenen Verbraucher im Niederspannungsnetz. Darüber hinaus weisen Energiespeichersysteme eine Gleichstrom-Charakteristik auf. Aus diesen Umständen erwächst die Idee eines Gleichstrom-Verteilernetzes. Umwandlungsprozesse von AC nach DC und vice versa entfallen. Zudem entfällt die die Frequenzproblematik. Das Ziel des Projektes ist die Entwicklung und Implementierung von DC-Smart-Grids in der Verteilnetzebene. [144]
Dabei unterteilt sich das Forschungsvorhaben in drei Bereiche. Der erste Bereich thematisiert die Entwicklung von innovativen Umrichtern für DC-Grids. Im Mittelpunkt steht die Entwicklung eines modularen Umrichters, welcher als Gleichstrom-Umrichter eingesetzt werden kann. Der zweite Bereich legt den Schwerpunkt auf die Entwicklung von neuen Schutzstrategien und Topologien für vermaschte DC-Smart-Grids. Der dritte Bereich behandelt die Erarbeitung von Modellen und Algorithmen, um die Flexibilität eines DC-Grids für das Engpassmanagement zu nutzen. Neben den technischen Aspekten von DC-Smart-Grids werden im Projekt „DCSMART" auch die Anforderungen an den Strommarkt herausgearbeitet. Die DC-Smart-Grids sollen auf modularen und skalierbaren Konzepten basieren. Diese Konzepte werden in zwei Feldversuchen, in der Schweiz und in den Niederlanden, validiert. Innovative Smart Markets und Smart-Grid-Applikationen werden Teil der Feldversuche sein. [145], [146]

VOC (Virtual Oscillator Controls)

Das federführend von der amerikanischen NREL (National Renewable Energy Laboratory) geführte Projekt „Virtual Oszillator Controls" adressiert die Stabilitätsproblematik in Umrichter-dominierten Netzen. Das Vorhaben wird im Rahmen des „Grid Modernization Laboratory Consortium (GMLC)" durchgeführt. Es fokussiert die Entwicklung von Regelstrukturen für Umrichter, welche auf virtuellen Oszillatoren basieren. Somit sollen Netze mit einem geringen Anteil an rotierenden Schwungmassen stabil betrieben werden können. Für die Entwicklung der neuartigen Regelstrukturen, analysieren die Forscher die Limitierungen von konventionellen, netzfolgenden Reglern und entwickeln Modelle von Systemen mit einem geringen Anteil an rotierenden Massen. Ferner soll im Rahmen des Projektes die algorithmische Flexibilität von Mikrocontrollern beim Entwurf von neuartigen Reglern untersucht werden. Zusätzlich soll die Kompatibilität die neuartigen Regler mit handelsüblichen Umrichtern bewertet werden.[147]

Zusammenfassend bleibt festzuhalten, dass, in den meisten Forschungsarbeiten zum "Umrichter-dominierten Netz", das „big picture" fehlt. Die Studie beschränkt sich meist auf einzelne Phänomene oder auf einen begrenzten Netzbezirk. Es gibt noch keine Studien, in denen der Einfluss, des Wechselrichters im Verteilnetz, sowohl auf das Netz selbst als auch auf die anderen Umrichter, gleichzeitig berücksichtigt wird. Dies liegt daran, dass bei der numerischen Simulation der Untersuchung, das Modell selbst meist nur eine geringe Anzahl von Wechselrichtern enthält und hauptsächlich die Spannungsebene fokussiert wird. Das heißt, in der aktuellen Forschung fehlt es an Werkzeugen, um die Szenarien "Wechselrichter-dominierte Netze" nachzubilden. Deshalb beschäftigt sich das nächste Kapitel mit dem Thema "Simulationsmodell". Eine neuartige Modellierungsstrategie wird vorgestellt, um Szenarien zu simulieren, die in Wechselrichtern domestiziert sind.

2.7 Zusammenfassung

In diesem Kapitel wird auf den theoretischen Hintergrund zur Beantwortung der Forschungsfragen eingegangen. Zunächst wird der Umrichter als Betriebsmittel betrachtet. Dabei werden die verwendeten Komponenten kurz beschrieben, sowie die Umrichter nach dem Anwendungsbereich (Leistung) klassifiziert. Anschließend wird auf die Regelungsstruktur des Umrichters eingegangen. Darüber hinaus wird ein Überblick über verschiedene Auslegungsverfahren für Regler präsentiert.

Des Weiteren wird auf die verschiedenen Modellarten von Umrichtern eingegangen. Es werden anhand einer Zeitbereichsklassifizierung vier Modellierungsebenen im elektrischen Energiesystem erläutert.

Im anschließenden Kapitel wird auf die Stabilitätskriterien für elektrische Energiesysteme, Rotorwinkelstabilität, Frequenzstabilität und Spannungsstabilität eingegangen. Anschließend werden speziell für Stromnetze geeignete Stabilitätskriterien vorgestellt. Abschließend wird die Stabilitätsanalyse anhand von Blackbox Modellen beschrieben.

Aktuell laufende Forschungsprojekte im Themenumfeld dieser Arbeit fokussieren unterschiedliche Schwerpunkte im Nieder- und Mittelspannungsnetz. Häufig konzentrieren sich die Forschungsprojekte auf die Stabilität des Netzes, allerdings wird das Kurz- und Mittelzeitmodel des Umrichter-dominierten Netzes nicht oder nur unzureichend betrachtet. Dabei fokussiert sich die Arbeit auf die Kurzzeitdynamik. In diesem Zeitbereich lassen sich mehrere Vorgänge beobachten, die die Systemstabilität beeinflussen, z.B. die Struktur, die Kommutierung der elektrischen Schaltelemente, sowie die Parametrierung der Regler im Umrichter.

Betrachtet man ferner die Forschungsergebnisse der letzten Jahre, im Bereich der Stabilitätsuntersuchung im Übertragungsnetz und Verteilnetz, so findet eine unzureichende Einbeziehung von Umrichter-dominierten Szenarien statt. Szenarien, mit großer Anzahl an Umrichtern, werden in den meisten Untersuchungen nicht ausreichend nachgebildet (siehe Tab. 2.8). Es kann festgestellt werden, dass die meisten Publikationen Spannungsqualität und Großsignalstabilität von Umrichter-dominierten Netzen thematisieren. Ferner findet die Betrachtung von Umrichter-dominierten Netzen im Kurz- und Mittelzeitmodel nur unzureichend statt. Keine Publikation untersucht die Kleinstabilität von Umrichter-dominierten Netzen, speziell die Wechselwirkungen in den Verteilnetzen mit Berücksichtigung von über- bzw. unterlagertem Netz. Auch für die Betrachtung der Stabilisierung eines von Umrichtern dominierten Netzes, existieren noch keine einheitlichen Verfahren.

3 Modell und Simulation für Wechselwirkungsanalyse

Kapitel 3 befasst sich mit dem Simulationsmodell zur Nachbildung der Szenarien, eines von Umrichtern dominierten Verteilernetzes, mit Berücksichtigung der Dynamik der über- und unterlagerten Netze. Dabei besteht die Herausforderung darin, dass die numerische Komplexität der Simulation, aufgrund der wachsenden Anzahl von Wechselrichtern, stark wächst. Dies wird zusätzlich durch eine Nachbildung des überlagerten und untergeordneten Netzwerks verstärkt. Im Vergleich zum stationären Verhalten, gilt das insbesondere für transiente Vorgänge. Infolgedessen ist die Berechnung von größeren Netzen zeitlich aufwendig. Die Dimensionen der Netze und die große Anzahl von Umrichtern, bilden das Dilemma in der Simulation eines von Umrichtern dominierten Verteilnetzes, welche nicht mit der aktuellen gewöhnlichen Simulationsmethode modelliert werden können. Auf der anderen Seite deuten aktive Netzwerkknoten bei der Analyse der Systemstabilität, die durch das Umrichter Modell beeinflusst wird, stark auf Nichtlinearität hin. Die Anwendung der Kriterien nach Hurwitz und Routh muss unter der Voraussetzung erfolgen, dass eine lösbare System Matrix existiert. Dies erfordert eine Linearisierung um den Arbeitspunkt. Anhand der entwickelten Simulationsmodelle wird im Folgenden die Stabilität, unter Berücksichtigung der Dynamik des Hochspannungs- und Niederspannungsnetzes, sowie deren Wechselrichter untersucht. Dieses Kapitel ist unter dem oben genannten Thema wie folgt aufgebaut:

In Kapitel 3.1 wird ein Algorithmus entwickelt, indem das aggregierte Modell verwendet wird, um die Dynamik des Stromnetzes zu simulieren. Durch Netzreduktion wird eine Analyse von Netzen ermöglicht, bei denen der Einfluss von benachbarten Netzen berücksichtigt werden kann.

Zunächst erfolgt In Kapitel 3.2 eine Vorstellung des Benchmark-Systems, mit welcher die Wechselwirkungen, zwischen am Verteilernetz parallel angeschlossenen Umrichtern, nachgebildet werden. Dabei werden das europäische Nieder-, Mittel-, und Hochspannungsnetz von CIGRÉ als Referenznetze verwendet [148]. Die Interaktionen werden anhand der Sensitivitätsstudien identifiziert. Je nach Standort der Treiber, wird die Analyse in Internetzbezirk- und Intranetzbezirk-Wechselwirkungen unterteilt. Kapitel 3.4 befasst sich mit den sogenannten Intranetzbezirk-Wechselwirkungen, bei denen der Einfluss der Stabilität durch die Interaktion zweier technischer Einheiten, die sich in demselben Netzwerkbereich befinden, im Mittelpunkt steht. Während in Kapitel 3.5 Internetzbezirk-Wechselwirkungen behandelt werden, werden die Interaktionen zwischen Wechselrichtern in verschiedenen Netzwerkdistrikten zusammengefasst. Das Stabilitätskriterium ist hier eine Darstellung der Eigenwerte mit dem Ziel, dass die Sensitivität der Systemstabilität auf dieser Basis dargestellt werden kann.

3.1 Aggregiertes Modell von über- und unterlagertem Netz

Ziel der Netzreduktion ist es, das dynamische Verhalten des unterlagerten 0,4-kV-Netzes und dessen Auswirkungen im 20-kV-Mittelspannungsnetz zu berücksichtigen. Der Grund hierfür ist, dass das unterlagerte 0,4-kV-Netz nicht immer bekannt ist oder der Ressourcenverbrauch bei der nummerischen Simulation stark ansteigt, wenn es mitberechnet wird. In dieser Arbeit werden Spannungsschwankungen bzw. Spannungssprünge im Stromnetz und die Auswirkung auf die Wirk- und Blindleistung am Anschlusspunkt zum überlagerten 110-kV-Netz betrachtet. Das heißt, für das betrachtete 20-kV-Netz, wirkt das überlagerte 110-kV-Netz als Spannungsquelle, deren Größe und Winkel vom Leistungsfluss abhängen. Ihre Wirkung kann durch eine gesteuerte Spannungsquelle mit Innenwiderstand interpretiert werden. Auf der anderen Seite wirkt das untergeordnete 0,4-kV-

Netz als gesteuerte Stromquelle, unter dem Einfluss von Spannungsschwankungen des untergeordneten Netzwerks, mit Änderungen in P und Q. Die Anforderung an die Netzreduktion ist, ein vorgegebenes dynamisches Verhalten, der Wirk- und Blindleistung am Anschlusspunkt zum überlagerten Netz bei einem vorgegebenen Spannungssprung, zu erreichen. Dabei soll die Dynamik von Wirk- und Blindleistung unabhängig vorgegeben werden können. Vorteil dieser Anforderung ist die freie Wahl der Dynamik. Somit können verschiedene Szenarien (bzw. Topologien) eines unterlagerten Netzes untersucht werden.

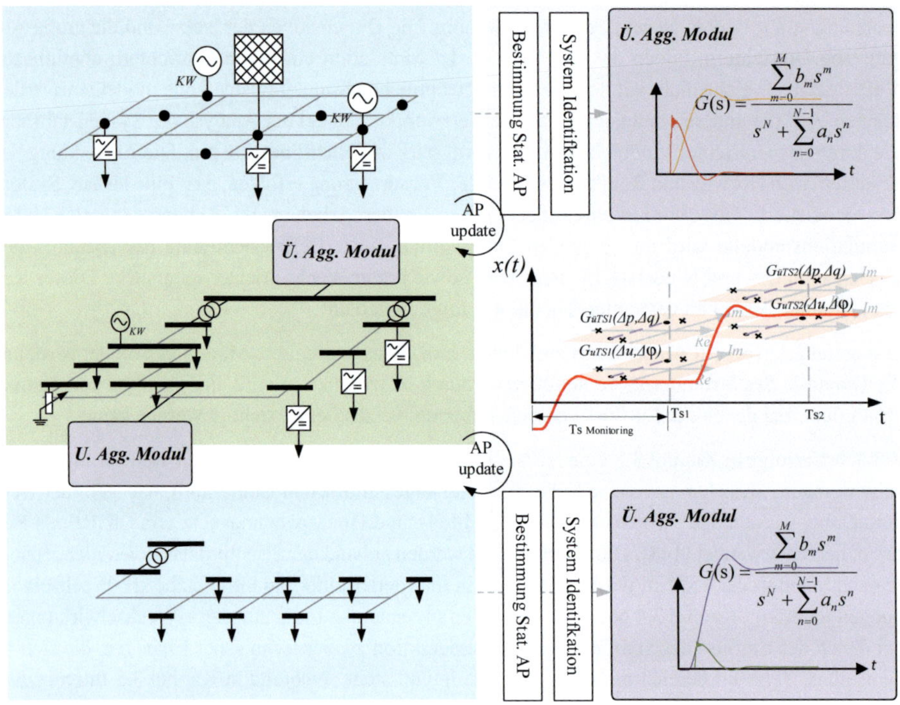

Abb. 3.1: Die Netzreduktion durch Einsetzen des aggregierten Modells

Wie in Abb. 3.1 gezeigt, muss zum Zeitschritt T_{s1} der stationäre Arbeitspunkt (AP) des überlagerten 110-kV-Netzes, durch Leistungsflussberechnung bestimmt werden. Anschließend wird die Systemdynamik in Form der Übertragungsfunktionen $G_{u\ddot{u}\_ts1}$ und $G_{\varphi\ddot{u}\_ts1}$ separat ermittelt.

Dafür wird für einen Arbeitspunkt eine lokale Identifikation durchgeführt. Eingangssignal ist ein Spannungssignal Δu_{pu} $\Delta\varphi_{\mathrm{pu}}$. Die Ausgangssignale sind die Wirk- und Blindleistung P und Q bzw. deren Änderungen ΔP und ΔQ. Mithilfe von Identifikationsmethoden können die Übertragungsfunktionen bestimmt werden.

$$G_{u\ddot{u}}(\mathrm{s})=\frac{\sum_{\mathrm{m}=0}^{\mathrm{M}} b_{\mathrm{m}}\mathrm{s}^{\mathrm{m}}}{\mathrm{s}^{\mathrm{N}}+\sum_{\mathrm{n}=0}^{\mathrm{N-1}} a_{\mathrm{n}}\mathrm{s}^{\mathrm{n}}}=\frac{\Delta u_{\mathrm{pu}}}{\Delta q_{\mathrm{pu}}} \tag{3.1}$$

$$G_{\varphi ü}(s)=\frac{\sum_{m=0}^{M} b_m s^m}{s^N+\sum_{n=0}^{N-1} a_n s^n}=\frac{\Delta\varphi_{pu}}{\Delta p_{pu}} \tag{3.2}$$

Übertragungsfunktion $G_{uü\,ts1}$ interpretiert die Systemdynamik (zum Zeitpunkt T_{s1}) des überlagerten 110-kV-Netzes, sie beschreibt den Einflussfaktor des Leistungsgradienten Δp_{pu} zum Winkelgradienten $\Delta\varphi_{\text{pu}}$. Übertragungsfunktion $G_{\varphi ü\,ts1}$ beschreibt die dynamische Koppelung zwischen Δu_{pu} und Δq_{pu}.

Der Spannungssprung soll am überlagerten 110-kV-Netz stattfinden. An dieser Stelle zeigt sich der Vorteil der Verwendung von pu-Größen. Diese sind relativ zu einer Bezugsgröße und somit für die unterlagerten und überlagerten Netze identisch. Die Leistung des Mittelspannungsnetzes wird hauptsächlich durch Wechselrichter erreicht. Daher ist es naheliegend diesen so zu erweitern, dass die gewünschte Dynamik erreicht wird. Der Wechselrichter wird als gesteuerte Stromquelle realisiert. Die Berechnungen werden in dq-Größen durchgeführt. Doch zuerst wird die Spannung in αβ-Größen umgerechnet. Für die Berechnung der Spannung gilt

$$V_{\alpha\beta}=\frac{2}{3}\left(V_a+V_b\cdot e^{j\frac{2\pi}{3}}+V_c\cdot e^{-j\frac{2\pi}{3}}\right). \tag{3.3}$$

Weiter gilt $V_d=\left|V_{\alpha\beta}\right|$ und $V_q=0$. Die Phase $\theta=\arg\left(V_{\alpha\beta}\right)$ wird bei der Rücktransformation in abc-Größen benötigt. Der benötigte Strom, der durch die Stromquelle gesteuert werden soll, lässt sich mit

$$i_{\text{WR}_\text{d}}=\frac{2}{3}\frac{P_\text{W}}{\left|V_\text{dq}\right|},\, i_{\text{WR}_\text{q}}=\frac{2}{3}\frac{Q_\text{W}}{\left|V_\text{dq}\right|} \tag{3.4}$$

berechnen. Dabei sind die Leistungen P_W und Q_W eine Zusammensetzung aus den Leistungen des Arbeitspunktes und der Dynamik des unterlagerten Netzes.

$$P_\text{W}=P_\text{AP}+G_\text{P}(\text{s})\cdot\Delta u_\text{pu}=Q_\text{AP}+G_\text{Q}(\text{s})\cdot\Delta u_\text{pu} \tag{3.5}$$

An dieser Stelle sei nochmals angemerkt, dass die Dynamiken zum einen frei und zum anderen unabhängig voneinander vorgegeben werden können. Außerdem zeigt sich hier wieder der bereits erwähnte Vorteil der Verwendung von pu-Größen. Zuletzt werden die berechneten Ströme in abc-Größen rücktransformiert und als Eingangssignal der gesteuerten Stromquellen verwendet. Die Rücktransformation berechnet sich wie folgt.

$$I_\text{abc}=\left|I_{\text{WR}_\text{dq}}\right|\left(e^{j\left(\arg\left(I_{\text{WR}_\text{dq}}\right)+\varphi\right)}+e^{j\left(\arg\left(I_{\text{WR}_\text{dq}}\right)+\varphi-\frac{2\pi}{3}\right)}+e^{j\left(\arg\left(I_{\text{WR}_\text{dq}}\right)+\varphi+\frac{2\pi}{3}\right)}\right) \tag{3.6}$$

Hierbei ist φ das Argument von $V_{\alpha\beta}$, dass bei der Transformation von V_{abc} zu $V_{\alpha\beta}$ berechnet wird.

Das Blockschaltbild des aggregierten Modelles ist in zwei Teilen aufgebaut: Nachbildung des stationären Verhaltens und des dynamischen Verhaltens. Diese beiden Teile zusammen bilden die gestreute Spannungsquelle, als das aggregierte Modell des überlagerten Netzes. Das Ersatzschaltbild ist in Abb. 3.2 dargestellt.

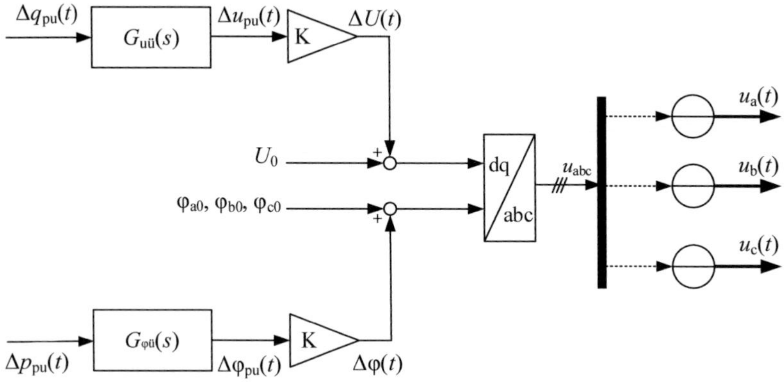

Abb. 3.2: Ersatzschaltbild des aggregierten Modells des überlagerten Netzes

Ähnlich wie bei der Netzreduktion des überlagerten Netzes durch eine gesteuerte Spannungsquelle, soll nun die Dynamik der unterlagerten Netze durch eine gesteuerte Stromquelle ersetzt werden. Dafür muss wieder das dynamische Verhalten in Form einer Übertragungsfunktion zur Verfügung stehen. Diese kann beispielsweise durch Messdaten und Systemidentifikation an einem Arbeitspunkt ermittelt werden. Das Eingangssignal ist diesmal die Wirkleistung P bzw. die Blindleistung Q. Durch den direkten Zusammenhang zwischen Strom, Spannung und Impedanz, wird statt der Leistung, der Strom und eine virtuelle Impedanz verwendet, z. B. $Z = 0{,}01\ \Omega + j0{,}001\ \Omega$. Zunächst wird $\Delta I_{ABC} = I_{ABC} - I_{nom_{ABC}}$ in dq-Koordinaten transformiert.

$$G_{pu}(s)=\frac{\sum_{m=0}^{M} b_m s^m}{s^N+\sum_{n=0}^{N-1} a_n s^n}=\frac{\Delta p_{pu}}{\Delta\varphi_{pu}} \tag{3.7}$$

$$G_{qu}(s)=\frac{\sum_{m=0}^{M} b_m s^m}{s^N+\sum_{n=0}^{N-1} a_n s^n}=\frac{\Delta q_{pu}}{\Delta u_{pu}} \tag{3.8}$$

Anschließend erfolgt die Berechnung der Spannung mit der Beziehung

$$\Delta u_d^* = \mathrm{Re}\{Z\}\Delta i_d, \qquad \Delta u_q^* = Im\{Z\}\Delta i_q \tag{3.9}$$

Anschließend wird die gewünschte Dynamik mithilfe der zuvor identifizierten Übertragungsfunktionen aufgeprägt.

$$\Delta u_{\mathrm{d}} = G_{\mathrm{ud}} \Delta u_{\mathrm{d}}^{*}, \qquad \Delta u_{\mathrm{q}} = G_{\mathrm{uq}} \Delta u_{\mathrm{q}}^{*} \tag{3.10}$$

Es folgt die Rücktransformation in abc-Koordinaten und die Addition mit dem nominellen Spannungssignal. Das resultierende Signal soll die gesteuerte Spannungsquelle nun zur Verfügung stellen, um die Netzreduktion unter Berücksichtigung der Dynamik des überlagerten Netzes durchzuführen.

Zur Nachbildung des unterlagerten Netzes wird ein gesteuertes Stromquellenmodell als aggregiertes Modell aufgebaut. Diese gesteuerte Stromquelle kann die gleiche Wirk- und Blindleistung approximieren, die das Niederspannungsnetz ins Netz einspeist oder aus dem Netz absorbiert. Das aggregierte Modell wird durch zwei Teile modelliert: Nachbildung des dynamischen und stationären Verhaltens. Die Dynamik des unterlagerten Netzes wird wieder als Übertragungsfunktion nachgebildet. Das Eingangssignal der Übertragungsfunktionen ist die Spannungsänderung Δu_{pu} an dem überlagerten Stromnetz und die Ausgangssignale sind die Änderungen der Wirk- und Blindleistung ΔP_{pu}und ΔQ_{pu}. Das Ersatzschaltbild wird in Abb. 3.3 präsentiert.

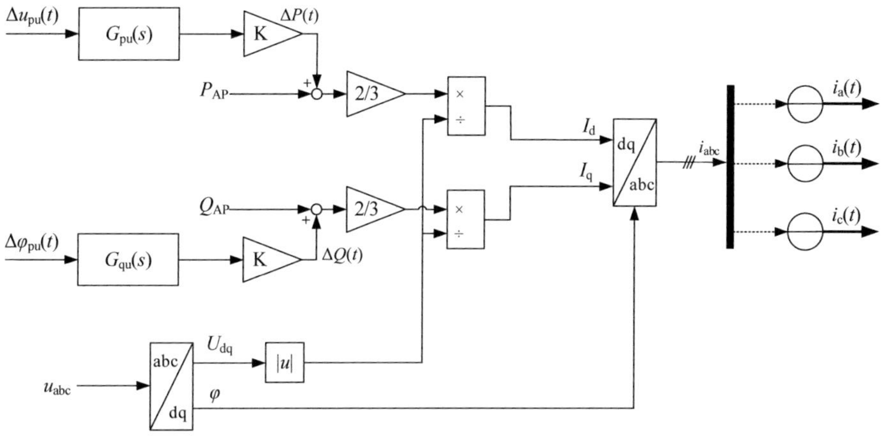

Abb. 3.3: Das Ersatzschaltbild des aggregierten Modells des unterlagerten Netzes

3.2 Referenznetz

Die Nachbildung, der Umrichter dominierten Szenarien, erfordert möglichst realistischen Daten. Da das elektrische Energieversorgungssystem eine kritische Infrastruktur ist, handelt es sich bei seinen Netzwerkdaten um sensible Informationen. Daher haben Wissenschaftler in den letzten Jahrzehnten Referenznetze für verschiedene Forschungsaspekte zusammengestellt. Zur Untersuchung der Wechselwirkungen, im von Umrichtern dominierten Verteilernetz, bestehen folgende Anforderungen (hier mit AN abgekürzt):

- AN1: Um das vom Umrichter dominierte Verteilernetz zu simulieren, ist eine Referenz erforderlich, mit der eine große Anzahl von Umrichter Modellen angeschlossen werden kann.
- AN2: Die Stabilitätsanalyse für den Umrichter-Regelkreis erfordert die simulative Nachbildung der Mittelzeit-Dynamik.

- AN3: Für die Analyse des Einflusses von Wechselrichtern aus benachbarten MS-Netzen, sollen mindestens zwei Mittelspannungsnetze in der Simulation berücksichtigt werden.
- AN4: Um das Stabilitätsverhalten des überlagerten und untergeordneten Netzwerks zu simulieren, sind Netzebene 3 bis 7 erforderlich, in der Regel mit 0,4-kV-, 20-kV- und 110-kV-Spannungsniveau.

Derzeit gibt es kein allgemeingültiges Referenznetz für die vorgestellten Anforderungen. Im Folgenden wird ein neues Modell im Rahmen der Arbeit erstellt. Als Ausgangspunkt für die Erstellung eines Benchmark-System werden das Cigré-Referenznetzwerk des europäischen Mittelspannungsnetzes, sowie dessen beispielhafte Parameter der Netzelemente, wie Leitungen und Transformatoren, verwendet.

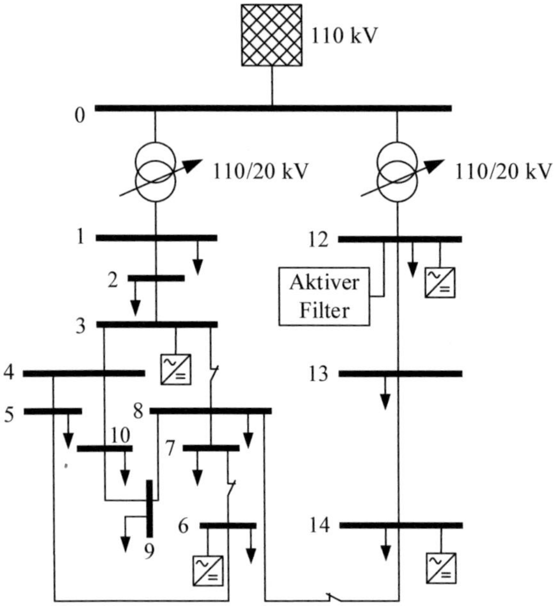

Abb. 3.4: Topologie Cigré-Referenznetzwerk des europäischen Mittelspannungsnetzes

Das Cigré-Referenznetz auf dem Mittelspannungsniveau von 20 kV bildet eine Ringstruktur, welche über zwei Transformatoren an das Hochspannungsnetz angebunden ist. Als Erzeuger sind neben Synchrongeneratoren in konventionellen Kraftwerken, auch zunehmend verteilte Erzeugungsanlagen der Distributed Generation (DG) Anlagen, in Form von erneuerbaren Energiequellen, wie z. B. Wind und PV-Anlagen, und dezentralen Erzeugungsanlagen, wie z. B. Mircotrubines, anzutreffen. Letztere werden auch teils mit Asynchronmotoren betrieben und mit Umrichtern, wie auch EE-Quellen, zu deren besserer Steuerung, an das Energienetz angeschlossen. Diese führen zu einer Entkopplung der Verbraucher, wie aber auch bei Erzeugungsanlagen, vom Energienetz. Ferner dienen Umrichter zum Anschluss von Speichern, wie z. B. von Batteriebänken und Brennstoffzellen, welche zur Bilanzierung von Erzeugung und Verbrauch dienen können. Mit Hilfe von Schrägreglern, Kompensationsanlagen, Filteranlagen oder Betriebsmitteln zur Steuerung des Leistungsflusses, z. B. mittels FACDS im Verteilernetz, sind Bauteile in das Energienetz integriert, um dessen Zustandsgrößen zu regeln und den Betrieb zu steuern.

Es besteht aus dreizehn Knoten und wird im Folgenden gemäß AN1 mit dem Umrichtermodell, basierend auf einer Kleinsignalmodellierung, noch erweitert. Es wird an Lastknoten 1, 2 und 3 jeweils ein Umrichter eingesetzt. Die Umrichter werden mittels Leiter 12 (mit einer Länge von 4,9 km) und Leiter 23 (mit einer Länge von 3,0 km) verbunden. Zur Regelung des Arbeitspunktes der Umrichter wird ein fester Leistungsfaktor $\cos\varphi = 0{,}95$ verwendet. Jeder Umrichter speist die Wirkleistung von 4,75 MW und die Blindleistung von 1,56 MVar ins Mittelspannungsnetz ein.

Das Umrichtermodell agiert gemäß den Beschreibungen nach Abschnitt 2.1 und ist über einen induktiven Filter an das Netz angeschlossen. Die Regelstruktur bildet lediglich die d- und q-Komponente und keine Nullsequenz ab, sodass der Umrichter über einen 20/20-kV-Transformator zu deren Herausfilterung angeschlossen ist. Dementsprechend ist das Umrichtermodell nicht dazu geeignet Asymmetrien, wie z. B. einpolige Kurzschlüsse, abzubilden. Die Regelung der Wirkleistung ist auf die d-Achse und die der Blindleistung auf die q-Achse gelegt, wobei Berechnungen in pu-Größen erfolgen. Die DC-Link-Spannung wird als konstant angenommen. Die Zustandsregelgrößenstrecke zur Setzung der Werte für $U_{\mathrm{dc(soll)}}$ und $Q_{\mathrm{(soll)}}$ ist in dieser Abbildung nicht mit dargestellt. Zur Zustandsregelung wird daher eine feste $\cos\varphi$-Regelung verwendet, mit welcher die Werte P_{soll} und Q_{soll} vorgegeben werden. Die Parametrierung der Umrichterregler wurde nach Setzung eines Zielfunktionswertes für das Systemverhalten vorgenommen, vgl. Tab. A 4. Hierbei ist das Netz, an welches die Umrichter angeschlossen sind, zu berücksichtigen.

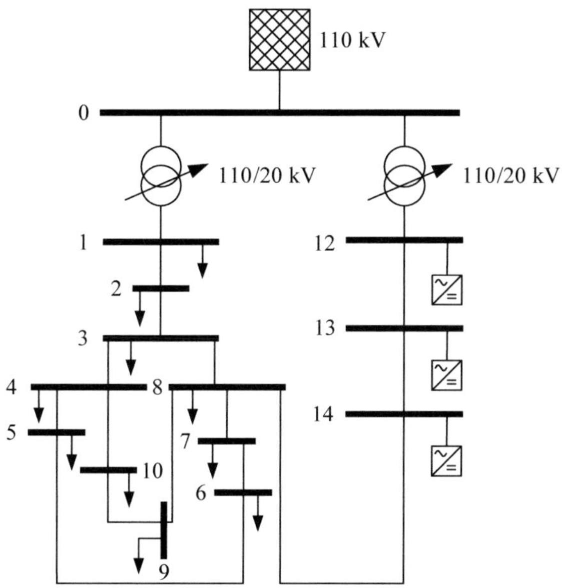

Abb. 3.5: Basis Netz (mit *B_MS* abgekürzt)

Die Basisnetzstruktur aus [148] wird als Ausgangsnetz für weitere Netztopologien verwendet. Hierbei bleibt jedoch lediglich ein Anschluss an das Hochspannungsnetz vorhanden. Dies wird durch das unter Anhang A3 angedachte Vorgehen zur Systemidentifikation begründet. Dafür ist ein Single-Input-Single-Output-Modell als Grundlage für die entsprechende Analysemöglichkeit erforderlich. Auf Basis dessen werden die Intranetzwechselwirkungsbeziehungen in einem umrichterdominierten Netz identifiziert und analysiert. Hierfür werden passive Verbraucher bzw. verschiedene Leiterarten verwendet. Als Werte für den Transformator werden die Betriebsdaten eines Standardtransformators für Anbindungen an das Hochspannungsnetz genutzt. Zur Regelung des Arbeitspunktes der Umrichter wird ein fester $\cos\varphi = 0{,}95$ verwendet. Als Wirkleistungseinspeisung wird für den Umrichterarbeitspunkt ein Wert von 4,75 MW vorgegeben. Die Blindleistungsbereitstellung ist entsprechend der festen $\cos\varphi$-Regelung 1,56 Mvar, sodass die Bemessungsleistung von 5 MVA des Umrichters voll genutzt wird [148]. In das System kann mit verschiedenen Signalen und Anregungen im Groß- wie auch in Kleinsignalbereich arbeiten. Dazu gehören Spannungssprünge, dreiphasige Kurzschlüsse und Phasensprünge. Für diese Arbeit wird eine Fokussierung auf Spannungssprünge mit Hinsicht auf das Verfahren zur Systemidentifikation, vgl. Anhang A3, vorgenommen. Das dynamische Verhalten des Mittelspannungsnetzes wird demnach durch Übertragungsfunktionen repräsentiert. Für die Beurteilung der Systemstabilität werden verschiedene Szenarien zur Systemanregung, ausgehend vom stationären Arbeitspunkt der Umrichter, definiert. Betrachtungen bei Großsignalanregungen erfolgen mittels Analysen im Zeitbereich.

Zur Nachbildung der Dynamik in HS und gemäß AS 4 basiert das Modell des überlagerten Netzes auf dem Hochspannungsnetzmodell aus Cigré [148]. Die Topologie ist wie Abb. 3.6 dargestellt.

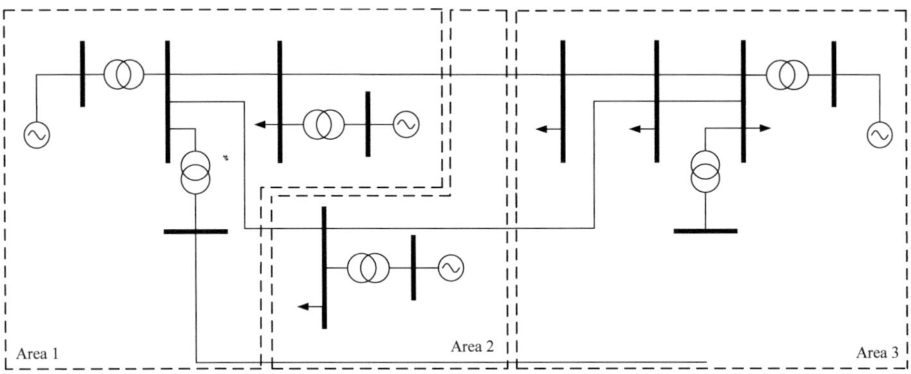

Abb. 3.6: Topologie das Hochspannungsnetz von Cigré (mit *B_HS* abgekürzt)

Das Netzmodell besteht aus 13 Knoten, vier Kraftwerken, drei Kompensationsgeräten und fünf Lasten. Es deckt drei geografische Gebiete ab, die als Area 1, 2 und 3 bezeichnet werden. Area 1 ist überwiegend ein Generatoren Gebiet. Area 2, etwa 500 km entfernt von Area 1, ist ein Last Gebiet, dem ein Generator zur Verfügung steht. Area 3 liegt zwischen dem Generatoren Gebiet Area 1 und dem Last Gebiet Area 2. Im Hochspannungsnetzmodell gibt es zwei Spannungspegel: Generierungsbusspannung von 22 kV, primäre Übertragungsspannung von 110 kV.

Im Weiteren wird, gemäß AN4, auf die Nachbildung der Übertragungsfunktion von Niederspannungsnetz eingegangen. Die Netztopologie von Cigré wird in Abb. 3.7 eingeführt

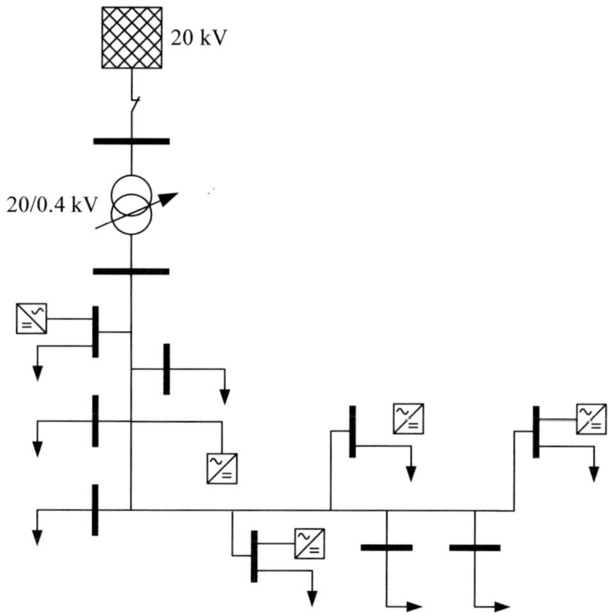

Abb. 3.7: Topologie des Niederspannungsnetzes von Cigré (mit *B_NS* abgekürzt)

In Abb. 3.7 ist das Strahlennetz dargestellt, welches auf dem in [148] vorgestellten Niederspannungsnetz einer Wohngegend (engl.: Residential) basiert. Das Niederspannungsnetz von Cigré ist auf einem physikalischen Hochspannungsnetzwerk in Europa aufgebaut. Im Vergleich zu dem ursprünglichen Netz, wird die Anzahl der Knoten so reduziert, dass die wesentlichen Eigenschaften beibehalten werden, während das Modell auch für weitere Simulation geeignet ist. Dieses entspricht der deutschen Netzfrequenz von 50 Hz. Die ausführlichen Netzdaten werden im Anhang dargestellt. An allen Laststellen wird der Umrichter als aktive Last eingesetzt.

Gemäß AN4, zur Berücksichtigung der Dynamik von unterlagerten und überlagerten Netzen, die nach den Algorithmen im Abschnitt 3.1 ermittelt wird, wird das Hochspannungsnetz als Spannungsquelle auf dem Sammelschienenknoten implementiert (mit *Ü.Agg.* abgekürzt). Darüber hinaus wird das aggregierte Niederspannungsnetzmodell als Stromquelle für den aktiven Knoten realisiert (mit *U.Agg.* abgekürzt). Beim Modell des benachbarten Netzbezirks werden, gemäß AN3, die Netzwerkstruktur und die zugeordneten Parameter gespiegelt. Die Verbindung zweier Netzwerkbezirke erfolgt über eine 110-kV-Verkabelung, siehe Abb. 3.8.

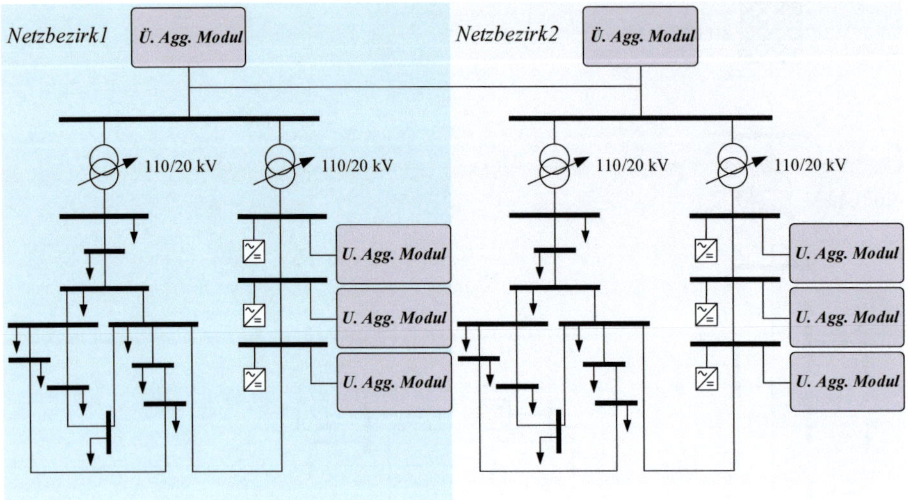

Abb. 3.8: Referenznetz mit zwei Mittelspannungsnetzbezirk (mit *R_ INTER_4* abgekürzt)

Tab. 3.1 zeigt eine Übersicht der Referenznetze, die in dieser Arbeit zur numerischen Simulation verwendet werden. Die detaillierten Daten des Referenznetzes sind im Anhang beigefügt. Die Auswirkung, von Modul U.Agg und Ü.Agg auf die Stabilität, wird anhand des Testnetzes *R_INTRA_1* und *R_INTRA_2* dargestellt. Die Ergebnisse sind in Anhang A3 dargestellt.

Tab. 3.1: Übersicht der Referenznetze

	Referenznetz Struktur	Abkürzung
HS	Cigré *Benchmark Systems for Network Integration of Renewable and Distributed Energy Resources* High Voltage Distribution Network Benchmark European Configuration	*B_HS*
MS	Cigré *Benchmark Systems for Network Integration of Renewable and Distributed Energy Resources* High Voltage Distribution Network Benchmark European Configuration	*B_MS*
NS	Cigré *Benchmark Systems for Network Integration of Renewable and Distributed Energy Resources* Low Voltage Distribution Network Benchmark European Configuration	*B_NS*
MS NS	Benchmark Systems *B_MS* plus Übertragungsfunktion von *B_NS*	*R_INTRA_1*
HS MS	Benchmark Systems *B_MS* plus Übertragungsfunktion von *B_HS*	*R_INTRA_2*
HS MS NS	Benchmark Systems *B_MS* plus Übertragungsfunktion von *B_HS* und *B_NS*	*R_INTRA_3*
HS MS NS	Benchmark Systems *B_MS3* gekoppelt über 110 kV	*R_INTER_4*

3.3 Testszenarien der Wechselwirkungsidentifikation

In diesem Teilabschnitt werden die Szenarien zur Beantwortung der Forschungsfragen vorgestellt:

F1• Gibt es Stabilitätsprobleme in Umrichter-dominierten Netzen?

Die Szenarien zum Testen der Wechselwirkungen in einem von Umrichtern dominierten Netz teilt sich im Wesentlichen in zwei Kategorien auf. Erstens werden die sogenannten **Intranetzbezirkswechselwirkungen** behandelt. Wie in der Abb. 1.3 gezeigt, bezeichnen diese die Interaktionen, die durch Netzwerkelemente gebildet werden, die sich in demselben Netzbezirk befinden. Wechselwirkungen auf die Systemstabilität können durch Umrichter oder einen Resonanzkreis, aufgrund der Verbindung mit weiteren Verteilnetzen entstehen. Zum Beispiel kann die Verbindung der Verteilnetze über die 110-kV-Ebene stattfinden. So folgt die Kategorie, der sogenannten **Internetzbezirkswechselwirkungen**. In diese Kategorien gehören die Stabilitäts-Einflüsse, die durch ein übergeordnetes Netzwerk gekoppelt sind und sich in einem anderen Netzbezirk befinden. Hierbei wird der Einfluss der einzelnen Netzelemente aus dem Verteilernetz auf die Stabilität eines MS-Netzes untersucht, um deren Sensitivität auf den jeweils variierenden Faktor zu bestimmen. Für die Untersuchung der Wechselwirkungen werden die drei Aspekte Netzelemente, Einspeisung und Umrichter-Parametrisierung abgedeckt. Da in dieser Ausführung die grundlegenden Wechselwirkungen identifiziert werden sollen, sind keine aktiven Netzelemente wie aktive Filter und FACDS-Geräte, welche zusätzliche Regeleinheiten beinhalten, berücksichtigt. Das Verhalten von Umrichtern zur

Energieversorgung von Verbrauchern wird demnach an dieser Stelle nicht abgebildet. Eine Übersichttabelle für die Szenarien der Intranetzbezirkswechselwirkungen finden Sie in Tab. 3.2.

Tab. 3.2: Übersicht der Szenarien zur Identifikation von Wechselwirkungen im Intranetzbezirk

Kapitel	Beschreibung	Abkürzung
Netzparameter *(Szenariengruppe INTRA_N)*	R Belag	*INTRA_N_R*
	L-Belag	*INTRA_N_L*
	C-Belag	*INTRA_N_C*
	R/X-Verhältnis	*INTRA_N_R/X*
	Leiterimpedanz Z	*INTRA_N_Z*
	Transformator	*INTRA_N_T*
Umrichters Zustand *(Szenariengruppe INTRA_Z)*	Anzahl an Umrichtern	*INTRA_Z_UR*
	Umrichter-Arbeitspunkt P	*INTRA_Z_P*
	Umrichter-Arbeitspunkt Q	*INTRA_Z_Q*
	Umrichter-Filter R_F	*INTRA_Z_FR*
	Umrichter-Filter L_F	*INTRA_Z_FL*
Parametrierung *(Szenariengruppe INTRA_P)*	Stromregler K_P	*INTRA_P_IKP*
	Stromregler K_I	*INTRA_P_IKI*
	Spannungsregler K_P	*INTRA_P_UKP*
	Spannungsregler K_I	*INTRA_P_UKI*
	Blindleistungsregler K_P	*INTRA_QKP*
	Blindleistungsregler K_I	*INTRA_QKI*

Zur Identifikation der Wechselwirkungen in einem Umrichter dominierten Verteilernetz, sind gemäß den Ergebnissen der Literaturrecherche geeignete Indikatoren zu bestimmen. Im Hinblick auf die Abbildung der Sensitivität bei der Variation von Netzelementen in deren Auslegung, sowie dem wachsenden Einfluss angeschlossener Umrichter, bietet es sich an eine Analyse der Polnullstellen durchzuführen. Die Methodik und deren Validierung werden, wie in Anhang A3 beschrieben, durchgeführt. Die hierbei erhaltenen Daten zu den Polstellen, beinhaltet Informationen zu den Dämpfungseigenschaften und dem Schwingungsverhalten des Systems. Der Dämpfungsgrad des Systems wird hierbei als entscheidender Faktor, zur Beurteilung der Systemsensitivität einer Parametervariation, in dieser Arbeit angesehen. Demnach ist auch bei einer relativen Wanderung von Polstellen zur imaginären Achse hin, bei einhergehender Zunahme des Dämpfungsgrades, von einer Zunahme der Systemstabilität zu sprechen.

Für die Wechselwirkungsdarstellung soll hierfür die absolute, wie auch relative Wanderung der Polstellen, sprich das Δs, zur Untersuchung derer Sensitivität, unter Berücksichtigung der Parametervariation, berechnet werden. Hierfür wird jeweils die relative Wanderung, einschließlich der Aufteilung des Gesamtbetrages der Polstelle, mit optionaler Aufteilung in Real- und Imaginärteil, inklusive der Anzahl, in Abhängigkeit des Vielfachen k, der Variationsschrittweite d der Parametervariation, welche zumeist mit dem Faktor 0,1 gewählt wird, berechnet. Dies wird bespielhaft für die relative Wanderung Δs für den Realteil (Re) verdeutlicht. Resultierend wird eine Vergleichbarkeit des Einflusses, der Parametervariation auf die Systemstabilität, bei unterschiedlicher Variationsschrittweite gewährleistet.

Gleiches gilt für die Szenarien zur Simulation der Wechselwirkungen bei Internetzbezirken. In diesem Fall wird der Einfluss der einzelnen Netzwerkelemente aus dem Netzbezirk 2, auf die Stabilität eines MS-Netzes untersucht, um deren Sensitivität gegenüber dem jeweils variierenden Faktor zu bestimmen. Es ist zu prüfen, inwieweit die Stabilität des Netzbezirks 1 (siehe Abb. 3.8) durch ein umrichterdominiertes benachbartes Netz (Netzbezirk 2 in Abb. 3.8) gegeben ist. Die Untersuchung der Wechselwirkungen umfasst die drei Aspekte: Netzwerkelemente, Arbeitspunkt des Umrichters und Umrichter-Parametrierung. Eine Übersicht über die Szenarien zum Identifizieren der Wechselwirkungen im Internetzbezirk finden Sie in Tab. 3.3.

Tab. 3.3: Übersicht der Szenarien zur Identifikation von Wechselwirkungen im Internetzbezirk

Kapitel	**Beschreibung**	**Abkürzung**
Netzparameter	R Belag	*INTER_N_R*
	L-Belag	*INTER_N_L*
	C-Belag	*INTER_N_C*
(Szenariengruppe INTER_N)	R/X-Verhältnis	*INTER_N_R/X*
	Leiterimpedanz Z	*INTER_N_Z*
	Transformator	*INTER_N_T*
Umrichterzustand	Anzahl an Umrichtern	*INTER_Z_UR*
	Umrichter-Arbeitspunkt P	*INTER_Z_P*
(Szenariengruppe INTER Z)	Umrichter-Arbeitspunkt Q	*INTER_Z_Q*
	Umrichter-Filter R_F	*INTER_Z_FR*
	Umrichter-Filter L_F	*INTER_Z_FL*
Parametrierung	Stromregler K_P	*INTER_P_IKP*
	Stromregler K_I	*INTER_P_IKI*
	Spannungsregler K_P	*INTER_P_UKP*
(Szenariengruppe INTER P)	Spannungsregler K_I	*INTER_P_UKI*
	Blindleistungsregler K_P	*INTER_QKP*
	Blindleistungsregler K_I	*INTER_QKI*

Die Wechselwirkungen der Netzelement-, Einspeisungs- sowie der Regelungsparameter werden untersucht. In allen Szenarien wird nur ein Parameter im Netz zunehmend variiert, während der andere Parameter unverändert bleibt. Die Vorgehensweise für die Untersuchung der Stabilitätsgrenze ist wie folgt: Zunächst wird das System nach jedem Parameterwechsel mit einem Sprungsignal angeregt. Dann werden das Eingangs- und Ausgangsverhalten gemessen und die entsprechenden Übertragungsfunktionen durch Systemidentifikation und Parameteranpassung ermittelt. Die Änderung der Polposition dieser Übertragungsfunktionen repräsentiert eine Änderung der Systemstabilität. In dieser Untersuchung haben die Übertragungsfunktionen mehrere Pole, deswegen wird ein dominanter Pol bzw. ein dominantes Polpaar, welches die Netzstabilität am stärksten beeinflusst, bestimmt. Mithilfe einer Anpassungskurve werden die Bewegungen des dominanten Pols gezeigt und die Stabilitätsgrenze ermittelt.

3.4 Simulationsergebnisse

Wie in Abschnitt 3.3 dargestellt, werden im Rahmen dieser Arbeit die Wechselwirkungen im Umrichter-dominierten Verteilernetz in zwei Kategorien unterteilt: die Intranetz- und die Internetzwechselwirkungen. Im folgenden Abschnitt werden die ausgewählten Simulationsergebnisse der in Tab. 3.2 und Tab. 3.3 dargestellten Szenarien vorgestellt.

3.4.1 Wechselwirkungsanalyse des Intranetzbezirks

Szenario Netzparameter „N“

Zunächst wird der Einfluss der Leiter untersucht. Dabei sollte auch auf den Einfluss verschiedener Leitertypen in Bezug auf die Verwendung von Freileitungen oder Kabeln hingewiesen werden. Das Testszenario für den Stabilitätstest entspricht dem *R_INTRA_3.*

Durch die Variation des R/X-Verhältnisses ist das Szenario *INTRA_N_L_R/X* für die Wahl zwischen Kabel und Freileitung von Bedeutung. Die Zunahme des R/X-Verhältnisses konnte durch die Zunahme des Widerstandsfaktors oder durch die Abnahme des Induktivitätsfaktors realisiert werden. Hier wird der Widerstandsfaktor variiert, während die Leiterimpedanz unverändert bleibt. In Abb. 3.9 wird die Bewegung der dominanten Polstelle mit der Variation des R/X-Verhältnisses dargestellt.

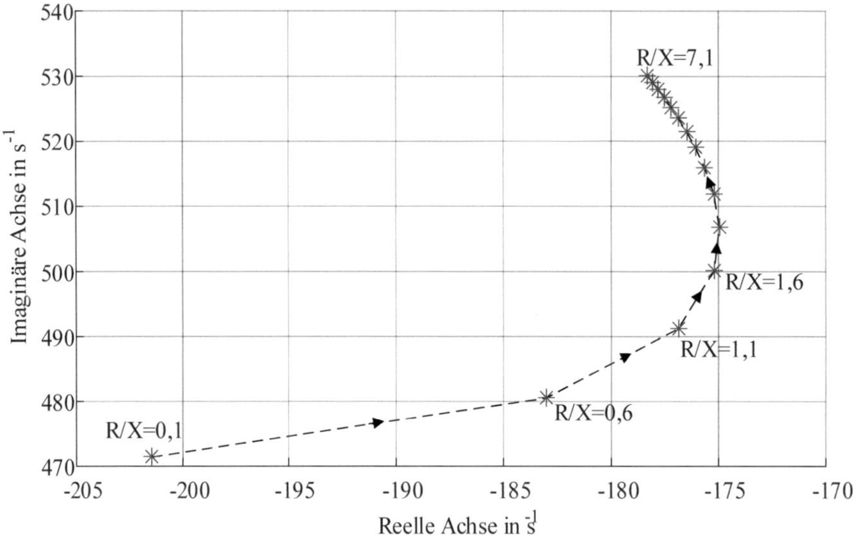

Abb. 3.9: Bewegung des dominanten Pols in Abhängigkeit von der Variation des R/X-Verhältnisses der Leitung

Als Resultat ist festzustellen, dass bei einem geringeren R/X-Verhältnis das System mehr schwingt bzw. der Imaginäranteil des Eigenwertes zunimmt, vgl. Abb. 3.9, und der dämpfende Einfluss des Belagwiderstandswertes abnimmt, vgl. Tab. 3.4. Ferner ist zu entnehmen, dass sich die relative Sensitivität mit steigendem R/X-Verhältnis degressiv entwickelt.

Tab. 3.4: Schwingungsverhalten in Abhängigkeit der Variation des R/X Verhältnisses der Leitung

	Dämpfungsgrad	Schwingungsfrequenz in Hz	Überschwingung in %	Zeitkonstante in Sekunden	Einschwingzeit in Sekunden
Faktor 0,1	0,39	75,03	26,12	0,0050	0,0194
Faktor 0,6	0,36	76,48	30,22	0,0055	0,0214
Faktor 1,1	0,34	78,18	32,27	0,0057	0,0221
Faktor 1,6	0,33	79,61	33,28	0,0057	0,0223
Faktor 2,1	0,33	80,68	33,81	0,0057	0,0224
Faktor 2,6	0,32	81,48	34,13	0,0057	0,0223
Faktor 3,1	0,32	82,11	34,32	0,0057	0,0223
Faktor 3,6	0,32	82,60	34,45	0,0057	0,0222
Faktor 4,1	0,32	83,00	34,54	0,0057	0,0222
Faktor 4,6	0,32	83,33	34,61	0,0057	0,0221
Faktor 5,1	0,32	83,60	34,65	0,0056	0,0221
Faktor 5,6	0,32	83,83	34,69	0,0056	0,0220
Faktor 6,1	0,32	84,03	34,72	0,0056	0,0220
Faktor 6,6	0,32	84,20	34,74	0,0056	0,0220
Faktor 7,1	0,32	84,36	34,76	0,0056	0,0219

Die zunehmende Anzahl von Umrichtern in einem Netzbezirk führt zu einem abnehmenden elektrischen Abstand zwischen zwei Wechselrichtern. Dies bedeutet, dass die Impedanz zwischen zwei Umrichtern abnimmt, während das *R/X* Verhältnis unverändert bleibt. Die Untersuchung des Szenarios *INTRA_N_L_Z* wird mit der Variation der Leiterimpedanz und konstantem *R/X*-Verhältnis durchgeführt. Es fokussiert den Einfluss der Leiterimpedanz bzw. der Länge der Leiter auf die Netzstabilität. Abb. 3.10 zeigt die Bewegungstrajektorie des dominanten Pols.

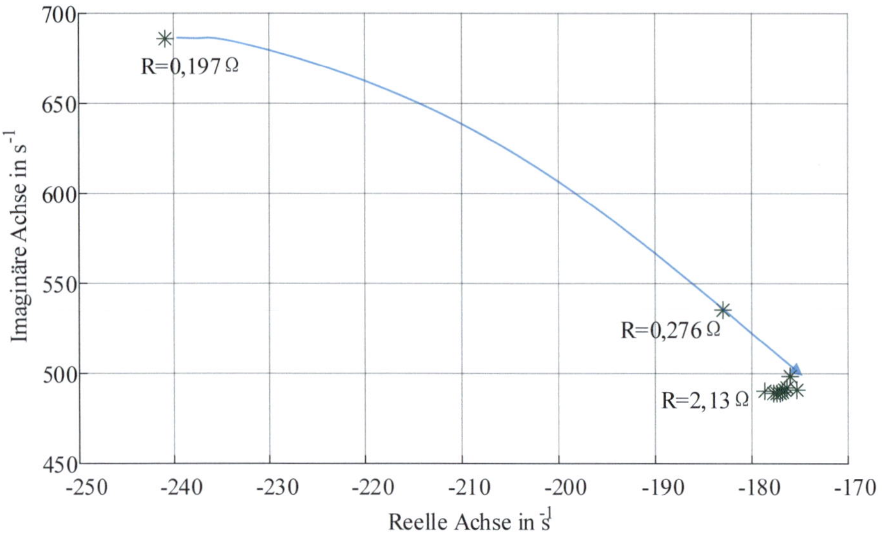

Abb. 3.10: Bewegung des dominanten Pols in Abhängigkeit sinkender Leitungsimpedanz

Der Ausgangswert der Leiterimpedanz beträgt 0,3941 Ω. Variiert wird die Impedanz entsprechend des Faktors von 0,1970 Ω bis 2,1279 Ω und der Länge der Freileitung von 0,5 km bis 2,7 km. Das Ergebnis zeigt, dass sich die Schwingungstendenz des Netzes vergrößert.

Zur weiteren Auswertung der Simulationsergebnisse werden die Kenndaten in Abb. 3.11 zusammengefasst. Es ist erkennbar, dass mit zunehmenden *R*-Belag der Dämpfungsgrad zunimmt. Zudem nimmt die Schwingungsfrequenz ab, dies ist auf eine entsprechende Entwicklung der Werte des imaginären Anteiles zurückzuführen. Durch die Zunahme des Dämpfungsgrades lässt das Überschwingen ab. Jedoch weist das System ein längeres Einschwingverhalten und eine dementsprechende Zeitkonstante auf. Bei der Variation des Induktivitätsbelages ist erkennbar, dass mit einer Zunahme dessen Wertes der Realwert beinahe linear abnimmt, der Imaginärteil hingegen jedoch zunimmt. Dies spiegelt sich auch in einer Steigerung der Schwingungsfrequenz, wie auch einer Abnahme des Dämpfungsgrades wider. Demnach ist eine Sensitivität der Stabilität des Systems, mit Bezug auf die R/X Verhältnisse der Transformatoren anzunehmen. Jedoch ist dieser bei der Größenordnung der Kenndaten für Trafo auf Mittelspannungsniveau nicht signifikant, sodass keine Effekte wie bei der Variation des Widerstands- und Induktivitätswertes beobachtbar sind.

Zuletzt wird der Belagswert der Kapazität variiert. Dieser Faktor ist vor Allem unter dem Aspekt der Wahl zwischen Kabel oder Freileitungen als Leiter, bedingt durch die große Differenz derer

Belagswerte, von Bedeutung. Es ist hierbei erkennbar, dass aus der Lage der dominanten Polstellen keine Sensitivität der Stabilität mit Hinblick auf die Eigenwertlage zurückzuführen ist.

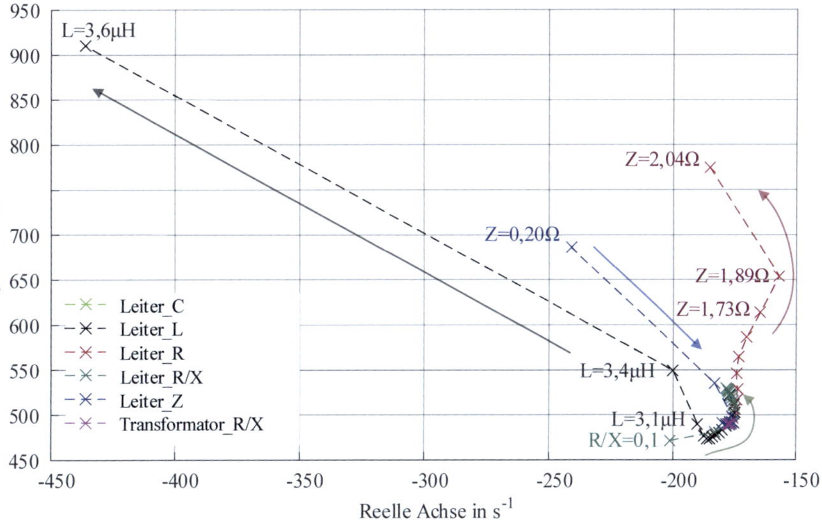

Abb. 3.11: Bewegung des dominanten Pols mit Variation der Netzelementparameter

Szenario „Z" Umrichter Zustand

Zuerst wird die Anzahl des Umrichters zunehmend variiert, während die Leiterimpedanz bzw. die Summe der Leiterlänge mit 7,9 km unverändert bleibt. Dieses Szenario wird unter dem Einfluss der Fragestellung bei der Erweiterung der Scheinleistungseinspeisung durch eine Erhöhung der Umrichter Anzahl durchgeführt. Die Wechselwirkung der Umrichter Anzahl auf die Netzstabilität ist mittels der Bewegung des dominanten Pols in Abb. 3.12 und Tab. 3.5 zu entnehmen.

Tab. 3.5: Kenndaten der Polbewegung in Abhängigkeit von der Anzahl der Umrichter

	Dämpfungsgrad	Schwingungsfrequenz in Hz	Überschwingung in %	Zeitkonstante in Sekunden	Einschwingzeit in Sekunden
Faktor 3	0,36	86,41	29,85	0,0048	0,0187
Faktor 5	0,28	86,36	39,62	0,0063	0,0245
Faktor 7	0,27	71,79	41,60	0,0079	0,0311
Faktor 9	0,26	68,63	43,24	0,0087	0,0340
Faktor 10	0,26	67,40	43,25	0,0089	0,0346
Faktor 13	0,25	63,71	43,98	0,0096	0,0374
Faktor 17	0,26	59,24	43,55	0,0102	0,0397
Faktor 21	0,26	54,72	43,52	0,0110	0,0430

Es ist deutlich, dass sich der dominante Pol mit einer zunehmenden Anzahl an Umrichtern in Richtung der imaginären Achse bewegt. Das heißt, dass ein Grenzwert der Umrichteranzahl vorliegt. Dementsprechend ist auch eine Zunahme des Überschwingens messbar. Zudem weist das System eine größere Zeitkonstante τ auf und die Einschwingzeit des Systems nimmt zu.

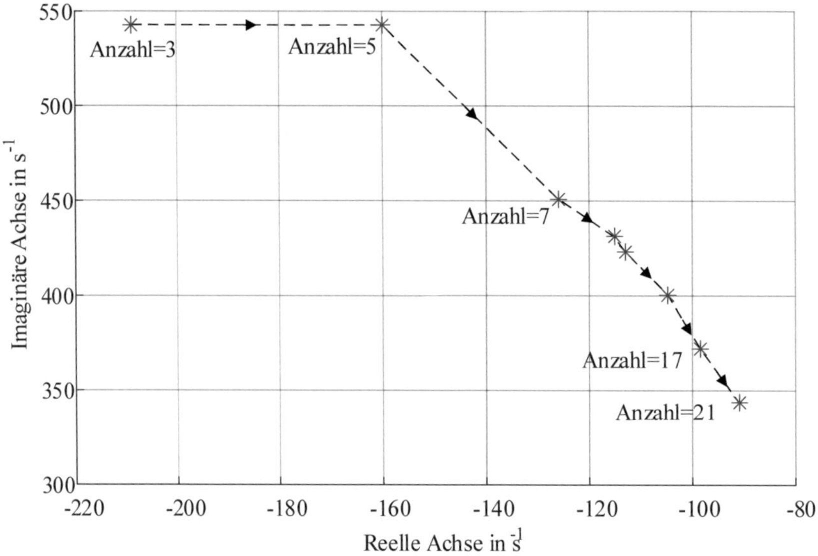

Abb. 3.12: Bewegung des dominanten Pols mit Variation der Umrichter Anzahl

Bei der Variation von Arbeitspunkt Q des Umrichters, Szenario *INTRA_Z_AP-UR* gemäß Tab. 3.2, ist eine Bewegung der Eigenwerte in negative Richtung der Realteile, wie auch eine Abnahme des Imaginärteils bei einer Steigerung derer Werte zu beobachten, vgl Abb. 3.13.

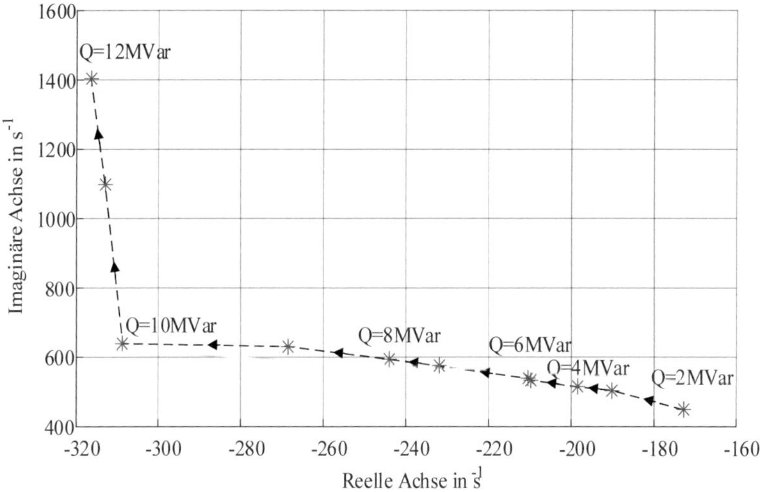

Abb. 3.13: Bewegung des dominanten Pols in Abhängigkeit der Blindleistungseinspeisung des Umrichters

Dies bedeutet, dass Umrichter mit einer größeren Blindleistungsaufnahme, weniger schwingungsfähig sind und zu einer Stabilisierung des gesamten Systems führen können. Demnach sinkt der Dämpfungsgrad des Systems, sowie das Überschwingungsverhalten, mit sinkender Einspeiseblindleistung. Aus den Kenndaten von Tab. 3.6 ist daher zu entnehmen, dass bei allen Werten eine Verbesserung in Hinsicht der Systemstabilität zu erkennen ist. Andererseits bedeutet dies, dass bei abnehmender Blindleistungseinspeisung ein destabilisierender Effekt auftreten kann.

Tab. 3.6: Analyse des Schwingungsverhaltens des dominanten Polpaares und Gesamtschwingverhalten des Systems in Abhängigkeit der Variation der Blindleistung

	Dämpfungsgrad	Schwingungsfrequenz in Hz	Überschwingung in %	Zeitkonstante in Sekunden	Einschwingzeit in Sekunden
Faktor 2	0,36	71,48	29,85	0,0058	0,0226
Faktor 3	0,35	80,30	30,60	0,0053	0,0206
Faktor 4	0,36	81,87	29,76	0,0050	0,0197
Faktor 5	0,37	84,93	29,08	0,0048	0,0186
Faktor 6	0,36	85,74	29,30	0,0048	0,0186
Faktor 7	0,37	91,38	28,13	0,0043	0,0169
Faktor 8	0,38	94,47	27,49	0,0041	0,0160
Faktor 9	0,39	100,31	26,21	0,0037	0,0146
Faktor 10	0,44	101,67	21,90	0,0032	0,0127
Faktor 11	0,28	174,47	40,77	0,0032	0,0125
Faktor 12	0,22	223,50	49,26	0,0032	0,0124

Zur weiteren Auswertung der Simulationsergebnisse werden die Kenndaten in Abb. 3.14 zusammengefasst. Neben dem Einfluss der Faktorvariation an der Systemstabilität, ist auch der Einfluss an der Wirkleistungsbereitstellung durch die Umrichter zu betrachten. Zudem ist eine Abnahme des Imaginärteils zu beobachten. Bei den relativen Bewegungen der realen- und imaginären Anteile, liegen entgegensetzte nicht lineare Entwicklungstendenzen hinsichtlich der Werte vor. Die Erhöhung der Wirkleistung des Umrichters führt zu einer Stabilisierung des Gesamtsystems. Für die Simulation zur Untersuchung des Einflusses an der Wirkleistungsbereitstellung wird auf das *R_INTRA_3* zurückgegriffen. Es wird eine Variation des L-Filters mit Hinsicht auf den Einfluss des ohmschen Widerstands R_f und der Filterinduktivität L_f durchgeführt. Diese werden jeweils nur an einem Umrichter, dem Umrichter 3, variiert. In Bezug auf den Einfluss der Position der Parametervariation, wie auch der Variation der Parameter an mehreren Umrichtern, auf die Sensitivität der Systemstabilität, wird auf die Ergebnisse der Leiterparameter verwiesen. Neben der Anzahl der Umrichter zeigen die anderen Parameter relativ große Wirkung auf die Netzstabilität. Zunehmende Werte der Induktivität der Filter und der Anzahl der Umrichter führen zur Instabilität des Verteilnetzes. Im Gegensatz dazu bleibt das Verteilnetz stabil, wenn die Einspeisung der Umrichter und der Widerstand der Filter zunehmen. Außerdem wird durch einen Vergleich von Abb. 3.11 und Abb. 3.14 deutlich, dass die Einspeisungsparameter im Allgemeinen eine größere Wechselwirkung haben als die Netzelemente.

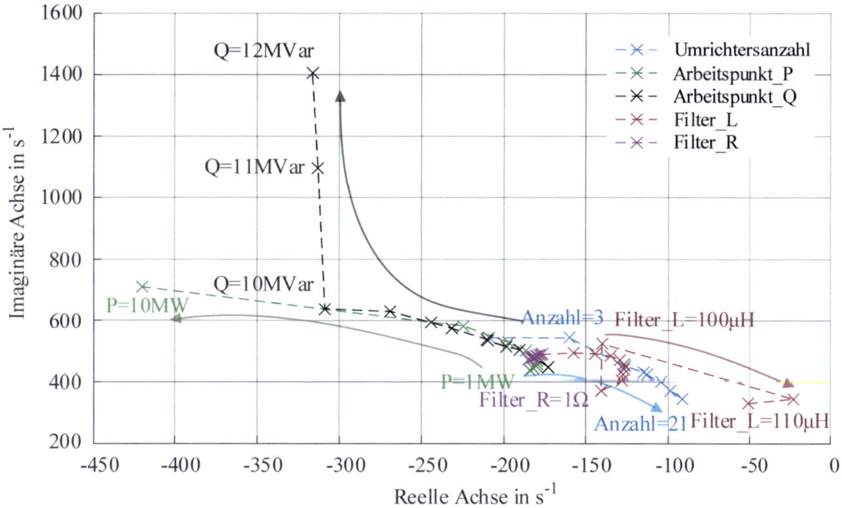

Abb. 3.14: Bewegung des dominanten Pols mit Variation der Einspeisungsparameter

Szenario „P" Umrichter Parameter

Für die Untersuchung der Systemsensitivität gegenüber Parametervariationen, wird das Modell nach *R_INTRA_3* gemäß Tab. 3.1 verwendet. Hierbei wird zunächst der Einfluss eines einzelnen Umrichters, in Form von Umrichter 1, untersucht. Anfangs wird auf den Einfluss der einzelnen Regeleinheiten in Form des Strom-, Spannungs- und PLL-Reglers eingegangen. Für die folgenden Sensitivitätsanalysen werden die jeweiligen Parameter je um ± 20 % in 10 % Schritten variiert. Hierbei ist bei den Stromreglereinheiten, bedingt durch deren unterlagerte Einbettung in die Regelstruktur, die größte Sensitivität zu erwarten. Zum Vergleich wird der Einfluss, je von Umrichter 2 und 3, als Stelle der Variation verwendet. Hierbei ist aus den bisherigen Simulationsergebnissen zu erwarten, dass ein umso größerer bzw. additiver Einfluss auf die Systemstabilität mit zunehmender Nähe bzw. Anzahl der Umrichter, deren Reglerparameter variiert werden, zu vernehmen ist.

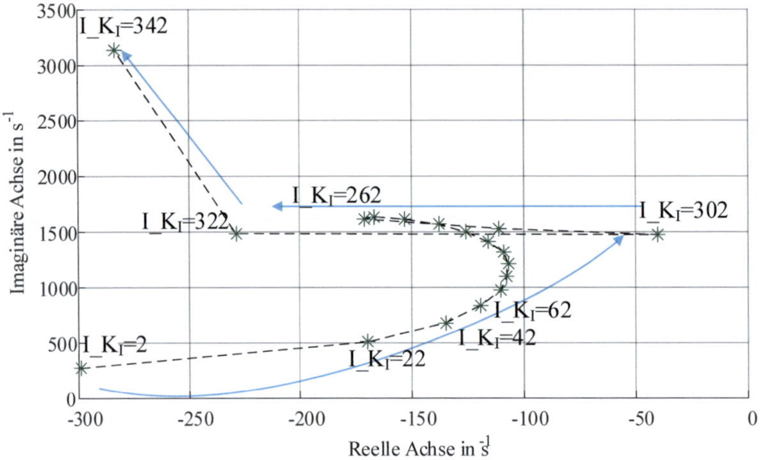

Abb. 3.15: Bewegung der dominanten Polstellen (positiver Eigenwert des konjungiert komplexen Polpaares) in Abhängigkeit der Variation des K_I -Anteils des Strom-reglers an Umrichter 1

Aus dem Polnullstellendiagramm ist zu entnehmen, dass mit zunehmendem K_I-Anteil eine Bewegung der dominanten Eigenwerte in negative Richtung der reellen Achse vorliegt. Zudem ist eine Reduktion des imaginären Anteils zu erkennen, vgl. Abb. 3.15. Der Realteil offenbart hierbei eine höhere Sensitivität im Vergleich zum Einfluss der Faktorvariation auf den Imaginärteil. Hierbei ist jedoch darauf hinzuweisen, dass beim Realteil ein progressiver Einfluss der Variantenvariation bei steigendem Faktor erkennbar ist. Beim Realteil ist hingegen ein nahezu linearer Zusammenhang entnehmbar.

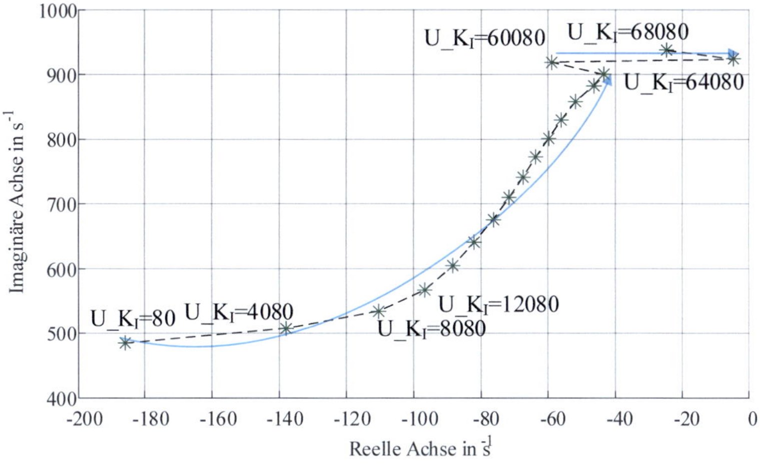

Abb. 3.16: Bewegung der dominanten Polstellen (positiver Eigenwert des konjungiert komplexen Polpaares) in Abhängigkeit der Variation des KI -Anteils des Spannungsreglers an Umrichter 1

Im Vergleich zu den Ergebnissen der Variation des K_i-Anteils des Stromreglers ist festzustellen, dass der linear progressive Zusammenhang an Spannungsregler mit der Abnahme des Variantenfaktors auftritt. Hingegen weist der imaginäre Anteil einen linearen Zusammenhang auf, der im Gegensatz zur vorherigen Simulation eine Zunahme dessen anzeigt. Daher ist resultierend eine Abnahme der Schwingungsfrequenz zu beobachten, siehe Abb. 3.16. Die Auswertungen der Simulationsergebnisse, mit Variation der Regelungsparameter, wird in den Kenndaten in Abb. 3.17 zusammengefasst.

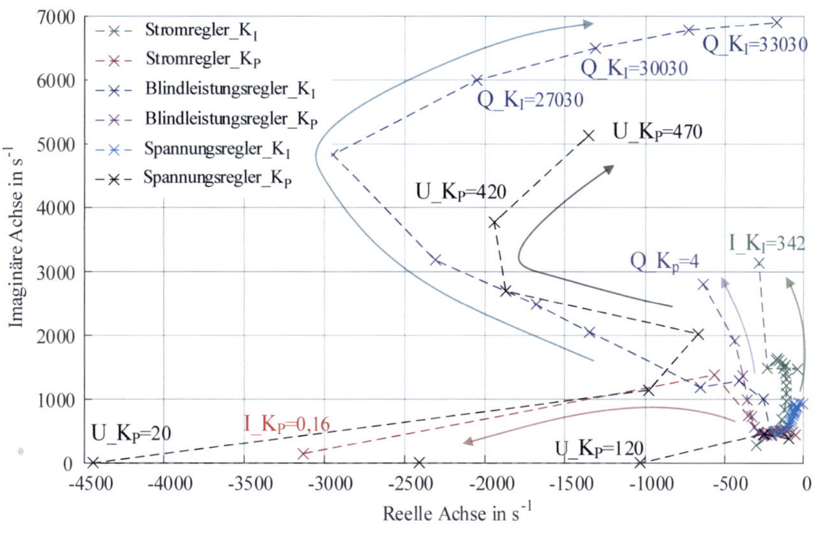

Abb. 3.17: Bewegung des dominanten Pols mit Variation der Regelungsparameter

Durch Vergleich der Polbewegungen von allen Parametern wird deutlich, dass die Regelungsparameter im Allgemeinen den größten Einfluss auf die Stabilität des Verteilnetzes besitzen. Die Verstärkung K_I von den Blindleistungs- und Spannungsreglern und die Verstärkung K_P von dem Spannungsregler haben negativen Einfluss. Das heißt, dass das Verteilnetz endgültig instabil wird, wenn diese Werte weiter zunehmen. Die Verstärkung K_I und die Verstärkung K_P des Stromreglers sowie die Verstärkung K_P des Blindleistungsreglers haben positive Auswirkungen auf die Netzstabilität. Der Einfluss der Reglerparameter zeigt eine starke Nichtlinearität. Damit ist wichtiges Wissen für ein von Wechselrichtern dominiertes Verteilernetz gegeben. Die Steuerungsparameter des Wechselrichters haben einen großen Einfluss auf die Systemstabilität, da ein ungeeigneter Parameter eines einzelnen Wechselrichters, zu einer Destabilisierung des gesamten Systems führen kann.

3.4.2 Wechselwirkungsanalyse des Internetzbezirks

Anschließend folgt die Untersuchung der Wechselwirkung, die durch Resonanzbildung aus anderen Netzbezirken, entstehen können. Im Beispiel findet die Verbindung der Verteilnetze über die 110-kV-Ebene statt. In diesem Fall wird der Einfluss der einzelnen Netzwerkelemente aus dem Netzbezirk 2 auf die Stabilität eines MS-Netzes untersucht, um deren Sensitivität gegenüber dem jeweils variierenden Faktor zu bestimmen. Es ist zu prüfen, inwieweit die Stabilität des Netzbezirks 1 (siehe Abb. 3.8) durch ein umrichterdominiertes benachbartes Netz (Netzbezirk 2 in Abb. 3.8) gefährdet ist. Anders als in Abschnitt 0 wird das Systemstabilitätsverhalten (in Form eines P-N-Diagramms) von Netzbezirk 1 gemessen, während die Variation im benachbarten Netzwerkdistrikt 2 stattfindet. Hier kann man erwarten, dass die Wechselwirkungen, die im Intranetzbezirk ersichtlich wurden, teilweise durch die Impedanz, zwischen zweier Netzbezirke, gedämpft werden.

Szenario Netzparameter „N“

In der Abb. 3.18 wird die Bewegung der dominanten Polstelle mit der Variation des R/X-Verhältnisses dargestellt. Ähnlich wie im Szenario *INTRA_N_L_R/X*, im Internetzbezirk mit steigendem R/X Verhältnis im Netzbezirk 2, sieht man eine Destabilisierung des Netzbezirks 1.

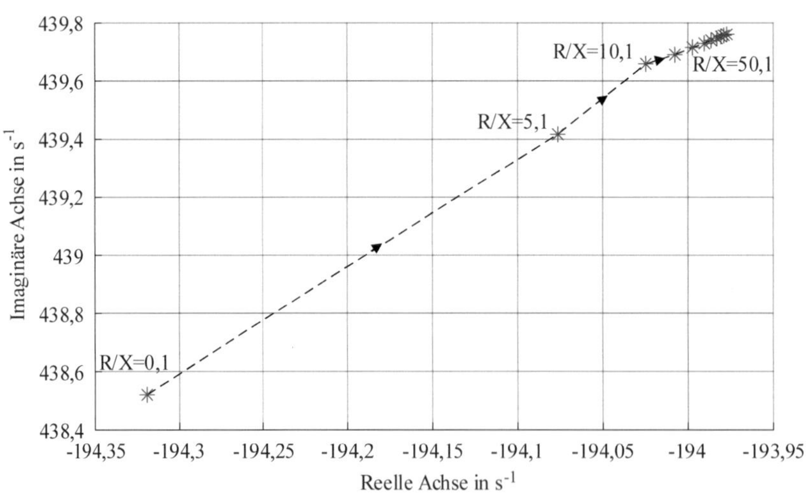

Abb. 3.18: Bewegung des dominanten Pols in Abhängigkeit von dem Faktor R/X der Leitung

Tab. 3.7 zeigt das Schwingungsverhalten mit zunehmendem R/X Verhältnis. Durch Vergleich mit den Ergebnissen vom Intranetz wird ersichtlich, dass die R/X Verhältnisse bei Internetz, weniger Einfluss auf die Netzstabilität haben, als die Netzelemente bei Intranetz.

Tab. 3.7: Schwingungsverhalten mit Variation des R/X Verhältnisses der Leitung

	Dämpfungsgrad	Schwingungs-frequenz in Hz	Überschwingung in %	Zeitkonstante in Sekunden	Einschwingzeit in Sekunden
Faktor 0,1	0,41	69,79	24,85	0,0051	0,0201
Faktor 5,1	0,40	69,94	24,97	0,0052	0,0202
Faktor 10,1	0,40	69,97	25,00	0,0052	0,0202
Faktor 15,1	0,40	69,98	25,00	0,0052	0,0202
Faktor 20,1	0,40	69,98	25,01	0,0052	0,0202
Faktor 25,1	0,40	69,99	25,01	0,0052	0,0202
Faktor 30,1	0,40	69,99	25,01	0,0052	0,0202
Faktor 35,1	0,40	69,99	25,01	0,0052	0,0202
Faktor 40,1	0,40	69,99	25,01	0,0052	0,0202
Faktor 45,1	0,40	69,99	25,01	0,0052	0,0202
Faktor 50,1	-193,98	0,21%	439,76	0,18%	Faktor 50,1

In Szenario *INTER_N_L_Z* wird die Leiterimpedanz des Internetzes bei einem konstanten *R/X*-Verhältnis variiert. Die Variation der Leiterimpedanz wird durch Änderung der Leiterlänge realisiert. Abb. 2.19 zeigt die Bewegung des dominanten Pols in Abhängigkeit von der Leitungsimpedanz. Es ist erkennbar, dass der Realteil und der Imaginärteil des dominanten Pols mit der zunehmenden Leiterimpedanz abnehmen. Dies bedeutet eine zunehmende Stabilität des Netzbezirk 1.

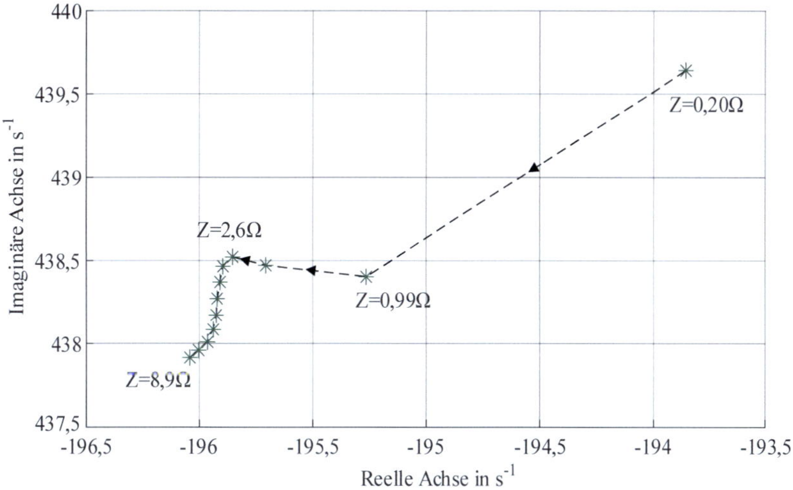

Abb. 3.19: Bewegung des dominanten Pols in Abhängigkeit von der Leitungsimpedanz Szenario *INTER_N_L_Z*

Zur weiteren Auswertung der Simulationsergebnisse werden die Kenndaten in Tab. 3.12 zusammengefasst. Durch Vergleich der Ergebnisse mit denen vom Intranetz wird ersichtlich, dass die Netzelemente bei Internetz weniger Einfluss auf die Netzstabilität haben, als die Netzelemente bei Intranetz.

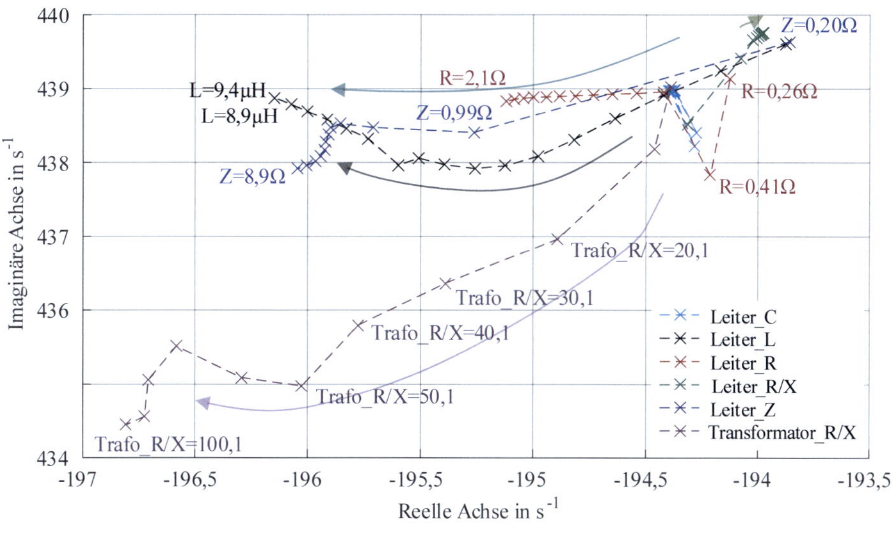

Abb. 3.20: Bewegung des dominanten Pols mit Variation der Netzelementparameter (*Szenario n Internetzbezirk)*

Szenario Z

In diesem Szenario wird die Anzahl der Umrichter im Internetz variiert und die Wechselwirkung auf die Stabilität des Verteilnetzes untersucht. Abb. 3.21 zeigt die Polbewegung mit der zunehmenden Zahl an Umrichtern des Internetzes

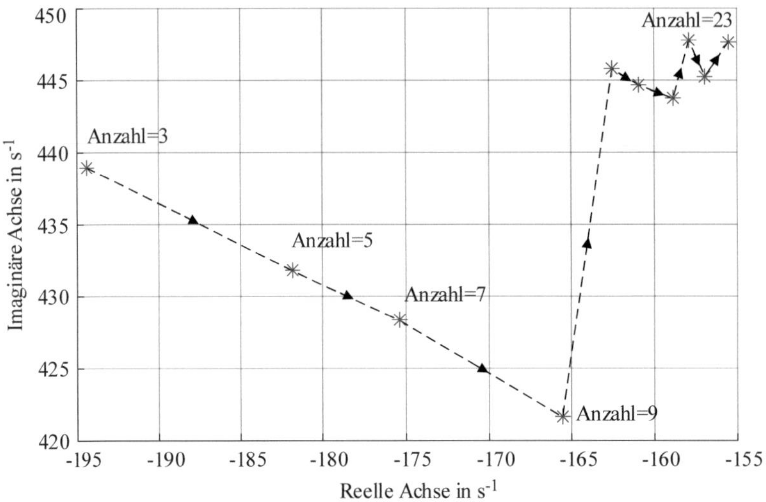

Abb. 3.21: Bewegung des dominanten Pols mit Variation der Umrichter Anzahl

Es ist eindeutig, dass sich der Pol mit der zunehmenden Umrichter Anzahl, der imaginären Achse nähert. Dementsprechend ist auch eine Zunahme des Überschwingens messbar (siehe Tab. 3.8). Zudem weist das System eine größere Zeitkonstante τ auf und die Einschwingzeit nimmt zu. Dies bedeutet, dass eine steigende Anzahl von, mit Umrichtern angeschlossenen Lasten oder Einspeisungen, zu einer Destabilisierung des benachbarten Netzes führen kann.

Tab. 3.8: Schwingungsverhalten der Polbewegung mit der zunehmenden Umrichter Anzahl

	Dämpfungsgrad	Schwingungs-frequenz in Hz	Überschwingung in %	Zeitkonstante in Sekunden	Einschwingzeit in Sekunden
Faktor 3	0,40	69,87	24,88	0,0051	0,0201
Faktor 5	0,39	68,72	26,63	0,0055	0,0215
Faktor 7	0,38	68,17	27,62	0,0057	0,0223
Faktor 9	0,37	67,10	29,13	0,0060	0,0236
Faktor 11	0,34	70,95	31,81	0,0062	0,0241
Faktor 13	0,34	70,77	32,08	0,0062	0,0243
Faktor 17	0,34	70,62	32,48	0,0063	0,0246
Faktor 19	0,33	71,26	33,03	0,0063	0,0248
Faktor 21	0,33	70,87	33,05	0,0064	0,0249
Faktor 23	0,33	71,24	33,57	0,0064	0,0252

Der Einfluss der Variation des Blindleistungsarbeitspunkts wird in Abb. 3.22 veranschaulicht. Dabei ist erkennbar, dass mit einer Zunahme der Blindleistungseinspeisung der Realwert beinahe linear abnimmt, der Imaginärteil hingegen jedoch zunimmt, vgl. Tab. 3.9.

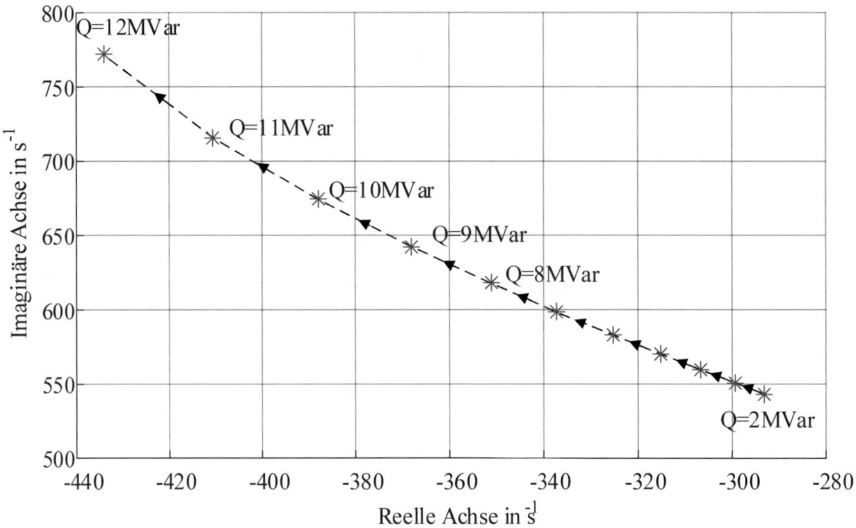

Abb. 3.22: Bewegung des dominanten Pols mit Variation des Faktors Blindleistungseinspeisung

Tab. 3.9: Schwingungsverhalten der Polbewegung mit Variation des Faktors Blindleistungseinspeisung

	Dämpfungsgrad	Schwingungs-frequenz in Hz	Überschwingung in %	Zeitkonstante in Sekunden	Einschwingzeit in Sekunden
Faktor 2	0,47	86,49	18,36	0,0034	0,0133
Faktor 3	0,48	87,68	18,13	0,0033	0,0131
Faktor 4	0,48	89,09	17,88	0,0033	0,0128
Faktor 5	0,48	90,76	17,61	0,0032	0,0124
Faktor 6	0,49	92,75	17,32	0,0031	0,0120
Faktor 7	0,49	95,25	17,03	0,0030	0,0116
Faktor 8	0,49	98,34	16,76	0,0028	0,0111
Faktor 9	0,50	102,25	16,53	0,0027	0,0106
Faktor 10	0,50	107,31	16,40	0,0026	0,0101
Faktor 11	0,50	113,95	16,51	0,0024	0,0095
Faktor 12	0,49	122,80	17,08	0,0023	0,0090

Zur weiteren Auswertung der Simulationsergebnisse werden die Kenndaten in Abb. 3.14 zusammengefasst. Neben dem Arbeitspunkt Q hat der Arbeitspunkt P des Umrichters im Netzbezirk 2 eine merkliche Wechselwirkung auf die Systemstabilität, jedoch deutet der Einfluss stark auf Nichtlinearität hin. Zuletzt hat die Variation der Parametrierung der Filter in Netzbezirk 2, relativ wenig Auswirkungen auf die Netzstabilität.

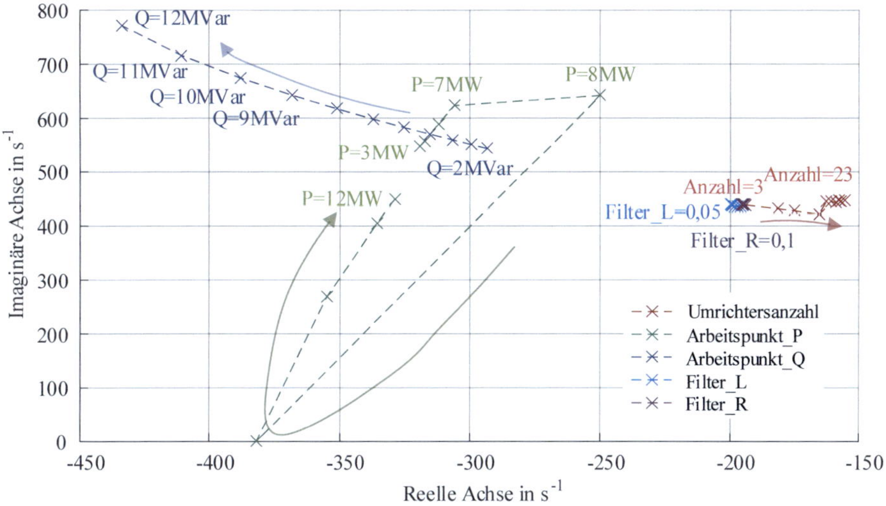

Abb. 3.23: Bewegungen des dominanten Pols mit Variation der Einspeisungsparameter

Szenariengruppe P

Aus den Kenndaten der Polbewegungen aller Szenarien ist es ersichtlich, trotz der Dämpfungseffekt der Kopplungselemente zwischen zwei Netzbezirken, dass die Regelungsparameter, gegenüber anderen Einflussfaktoren, die größte Auswirkung auf die Netzstabilität des Netzbezirks 1. Der Einfluss weist auf Nichtlinearität hin und zeigt eine nicht monotone Verbindung.

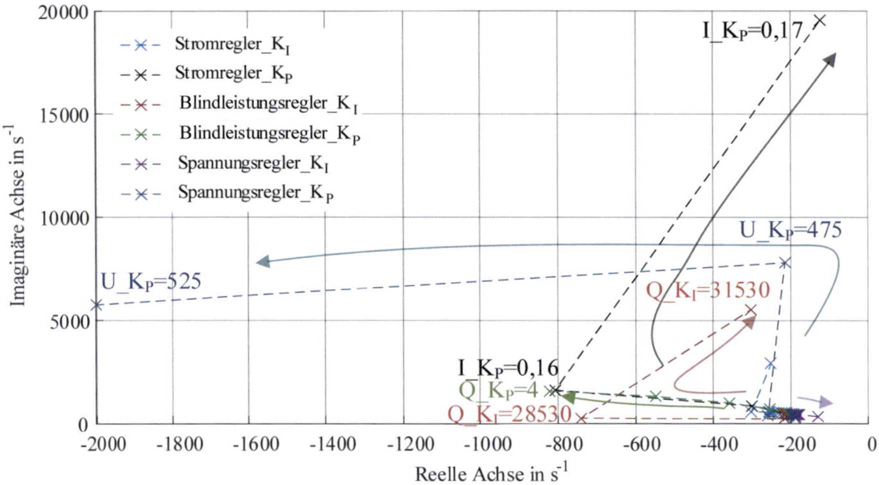

Abb. 3.24: Bewegung des dominanten Pols mit Variation der Regelungsparameter der Internetzbezirkswechselwirkungen

Die Hauptforschungsfrage der vorliegenden Dissertationsschrift lautet „***Gibt es Stabilitätsprobleme in Umrichter-dominierten Netzen?***" (siehe Abschnitt 1.1). Zunächst werden geeignete Modell- und Simulationsmaßnahmen benötigt. Wie bereits in Abschnitt 2.6 erwähnt, wird, in den Studien, Projekten, sowie Veröffentlichungen, bei der numerischen Simulation der aktuellen Forschungen, meist nur ein Modell mit geringer Anzahl von Wechselrichtern verwendet und hauptsächlich nur eine Spannungsebene fokussiert.

Um dieses Problem zu lösen wird, in Abschnitt 3.1, das Thema "Simulationsmodell" behandelt. Eine neuartige Methode zur Modellierung wird vorgestellt, um Szenarien zu simulieren, die von Wechselrichtern dominiert sind. Dabei wird die Dynamik der unterlagerten und überlagerten Netze, mittels Netzreduktionsverfahren, durch aggregierte Modelle nachgebildet (siehe Abb. 3.1). Dadurch verringert sich die Anzahl der Zustandsgrößen, sowie die Rechnungszeit der Simulationen. Das aggregierte Modell des überlagerten Netzes stellt eine gesteuerte Spannungsquelle dar, während das aggregierte Modell des unterlagerten Netzes eine gesteuerte Stromquelle ist. Das stationäre und dynamische Verhalten wird mittels Messdaten (oder generierter Simulationsdaten) nachgebildet. Um den hohen Approximationsgrad zwischen der Dynamik des aggregierten Modells und der Zieldynamik bei der Implementierung der aggregierten Modelle zu gewährleisten, muss zuerst die Struktur der Übertragungsfunktion, bzw. die Anzahl der Pole und der Nullstellen, bestimmt, dann die Parameter in der Übertragungsfunktion ermittelt werden. Im Gegensatz zur Verwendung der kompakten Netzmodelle, benötigt die Verwendung der aggregierten Modelle, und somit Übertragungsfunktionen, bei der Simulation weniger Ressourcen und dadurch weniger Rechenzeit.

Anschließend wird gezeigt, dass das Hochspannungsnetz und das Niederspannungsnetz einen destabilisierenden Einfluss auf das Mittelspannungsnetz haben (siehe Abb. A 4 im Anhang). Aus diesem Grund werden die Szenarien der Wechselwirkungsuntersuchungen von bestimmten Parametern auf die Netzstabilität, gemäß Abschnitt 3.3, an einem Modell, welches das Mittelspannungsnetz sowie die aggregierten Modelle des Hoch- und Niederspannungsnetzes umfasst, durchgeführt (siehe Abschnitt 3.2).

Für die Bewertung der Wechselwirkungen werden sie nach Sensitivität der Systemstabilität kategorisiert. Im Hinblick auf die Gewährleistung der Vergleichbarkeit der Ergebnisse, wird eine Vorkategorisierung hinsichtlich der verwendeten Systemmodelle oder Netzwerkkonfigurationen vorgenommen.

Tab. 3.10: Einteilung der Stabilitätskategorien nach der relativen Änderung des Dämpfungsgrades

Stabilitätskategorie	**Grenze [%]**
positiv	>= 5
neutral	< -5 und – 5 <
negativ	<= -5

In Tab. 3.2 und Tab. 3.3 wird eine Übersicht zu den Szenarien gegeben, welche für die Klassifizierung herangezogen wurden. Ferner wurde die Festlegung der Stabilitätskategorien am Wert der relativen Änderung des Dämpfungsgrades, nach Tab. 3.10 festgelegt. Diese wurden basierend auf den Simulationsergebnissen der relativen Abweichung bestimmt. Dementsprechend ergibt sich eine Einteilung der Wechselwirkungen in Tab. 3.11 und Tab. 3.12 hinsichtlich der Systemstabilitätssensitivität der Szenarien gemäß Tab. 3.2 und Tab. 3.3.

Tab. 3.11: Klassifizierung der Intranetzbezirkswechselwirkungen in einem Umrichter dominierten Verteilernetz

Szenario	Beschreibung	Sensitivität [%]		Dämpfungsgrad	Stabilitätskategorie
		Real	Imaginär		
INTRA_N_C	Leiter C-Belag	0	0,01	0,00	neutral
INTRA_N_L	Leiter L-Belag	-145,81	86,10	-26,47	negativ
INTRA_N_R	Leiter R-Belag	4,12	19,78	17,65	positiv
INTRA_N_R/X	Leiter R/X	1,09	5,47	5,88	positiv
INTRA_N_Z	Leiter Z-Belag	-35,69	40,24	-2,94	neutral
INTRA_Z_UR	Umrichter Anzahl	17,68	10,99	-5,88	negativ
INTRA_Z_P	Arbeitspunkt P	1,71	-7,85	8,82	positiv
INTRA_Z_Q	Arbeitspunkt Q	7,11	-8,19	2,94	neutral
INTRA_N_T	Trafo R/X	-0,12	0	0,00	neutral
INTRA_Z_FR	Filter R	-2,27	-1,66	2,94	neutral
INTRA_Z_FL	Filter L	71,30	-167,58	-55,88	negativ
INTRA_P_IKI	Stromregler K_I	32,84	71,21	-58,82	negativ
INTRA_P_IKP	Stromregler K_P	72,79	-10,36	11,76	positiv
INTRA_P_UKI	Spannungsregler K_I	22,29	3,81	-23,53	negativ
INTRA_P_UKP	Spannungsregler K_P	-1254,18	-100,00	194,12	positiv
INTRA_PLLKI	PLL K_I	-41,85	104,00	-29,41	negativ
INTER_PLLKP	PLL K_P	-99,50	103,39	0,00	neutral

Hierbei wird deutlich, dass durch eine Erhöhung der Umrichter Anzahl eine Destabilisierung des Systems auftritt, da mit zunehmender Anzahl an Umrichtern vermehrt aktive Netzelemente, durch deren Regeleinheiten, die Netzgrößen beeinflussen. Dabei ist zu erkennen, dass der K_I-Anteil des Stromreglers den größten negativen Einfluss besitzt. Auch die Induktivität des Filters und L-Belag des Leiters sind destabilisierend. Im Vergleich dazu, besitzt der K_P-Anteil des Spannungsreglers den größten positiven Einfluss. Zudem kann durch ein hohes R/X-Verhältnis und dem Widerstandwert des Filters ein positiver Dämpfungseinfluss beobachtet werden.

Tab. 3.12: Klassifizierung der Internetzbezirkswechselwirkungen in einem Umrichter dominierten Verteilernetz

Szenario	Beschreibung	Sensitivität [%]		Dämpfungsgrad	Stabilitätskategorie
		Real	Imaginär		
INTER_N_C	Leiter C-Belag	0,01	-0,00	0,00	neutral
INTER_N_L	Leiter L-Belag	-0,38	-0,23	2,50	neutral
INTER_N_R	Leiter R-Belag	-0,32	-0,02	2,50	neutral
INTER_N_R/X	Leiter R/X	0,15	0,10	0,00	neutral
INTER_N_Z	Leiter Z-Belag	-0,45	-0,13	2,50	neutral
INTER_Z_UR	Umrichter Anzahl	-14,84	-3,95	-15,00	negativ
INTER_Z_P	Arbeitspunkt P	64,16	24,99	25,00	positiv
INTER_Z_Q	Arbeitspunkt Q	54,05	25,50	20,00	positiv
INTER_N_T	Trafo R/X	0,04	-0,18	2,50	neutral
INTER_Z_FR	Filter R	-0,12	0,23	0,00	neutral
INTER_Z_FL	Filter L	-2,61	0,26	2,50	neutral
INTER_P_IKI	Stromregler K_I	4,14	0,87	-2,50	negativ
INTER_P_IKP	Stromregler K_P	36,13	4351,95	-97,50	negativ
INTER_P_UKI	Spannungsregler K_I	0,87	0,77	0,00	neutral
INTER_P_UKP	Spannungsregler K_P	-2,42	3,79	0,00	neutral
INTER_PLLKI	Blindleistungsregler K_I	3,06	-0,03	-2,50	neutral
INTER_PLLKP	Blindleistungsregler K_P	-31,36	67,07	-17,50	negativ

In die Kategorien der Internetzbezirkswechselwirkungen gehören auch die Stabilitäts-Einflüsse, die sich in einem anderen Netzbezirk befinden, welches durch ein übergeordnetes Netzwerk gekoppelt ist. Es ist ersichtlich, dass die Wechselwirkungen durch die Kopplung der zwei Netzbezirke gedämpft werden. Viele Wechselwirkungen, wie Leiter R-Belag, Leiter R/X und Leiter Z-Belag, die in der Kategorie der Intranetze erkennbar sind, sind im Internetzwerk-Distrikt nicht mehr erkenntlich. Jedoch ist zu erkennen, dass bedingt durch eine Erhöhung der Umrichter Anzahl, eine Destabilisierung des benachbarten Netzes auftritt. Die Regelungsparameter haben gegenüber anderen Parametern die größte Auswirkung auf die Netzstabilität. Aus den Kenndaten der Polbewegungen aller Szenarien ist ersichtlich, dass das Internetz eine schwächere Auswirkung auf die Netzstabilität hat als das Intranetz, da der Pol sich bei gleicher Variation der Parameter im Internetz weniger bewegt als im Intranetz. Die Stromregler haben den größten negativen Einfluss. Im Vergleich dazu, kann durch eine Erhöhung der Arbeitspunkte des Umrichters ein positiver Dämpfungseinfluss beobachtet werden.

3.5 Zusammenfassung

Zu beantwortende Forschungsfragen:

F1 • *Gibt es Stabilitätsprobleme in Umrichter-dominierten Netzen?*

F2 • *Welche Mechanismen wirken bei Instabilitätsvorgängen?*

Fasst man die Ergebnisse aus der Simulation und denen der vorhergehenden Forschungen zusammen, führt dies zu folgenden Erkenntnissen:

- Eine wachsende Anzahl von Umrichtern in Netzbezirk A führt zur Destabilisierung des Netzbezirks A.
- Eine wachsende Anzahl von Umrichter im benachbarten Netzbezirk B, welcher durch ein überlagertes Netz gekoppelt ist, führt zur Destabilisierung des Netzbezirks A.
- R-Anteil sowie höhere R/X Verhältnisse der Leitungen und Trafos in Netzbezirk A haben positive Einflüsse auf die Systemstabilität des Netzbezirks A.
- Leerlauf-Umrichter von Netzbezirk A destabilisieren Netzbezirk A.
- Leerlaufende Umrichter des benachbarten Netzbezirks B führen zur Destabilisierung des Netzbezirks A.
- Die Regler Parameter der Umrichter in Netzbezirk A haben einen großen Einfluss auf die Systemstabilität des Netzbezirks A, eine unangemessene Parametrierung kann zu einem Stabilitätsproblem führen.
- Die Regler Parameter der Umrichter im benachbarten Netzbezirk B haben einen Einfluss auf die Systemstabilität des Netzbezirks A, eine unangemessene Parametrierung kann zu einem Stabilitätsproblem des Netzbezirks A führen.

Mit Hinsicht auf die Verbesserung bzw. Gewährleistung der Systemstabilität, stehen verschiedene Optionen zur Verfügung. Diese betreffen einerseits die Arbeitspunktwahl, bei dieser sollte der Leerlaufzustand des Wechselrichters möglicherweise vermieden werden. Allerdings ist für die Zahl der Umrichter die für erneuerbare Energie, aufgrund der Wetterbedingungen, höchstens angeschlossen sind kein Freiheitsgrad vorhanden. Ferner besitzen sie Netzelemente, welche in der Nähe der Anregung platziert sind. Daher ist vor allem an diesen Punkten, wie z.B. den Zuschaltstellen von Umrichter Stationen und Schaltstellen der Netzstruktur, ein Ansatzpunkt um stabilisierende Maßnahmen, wie die Wahl eines erhöhten R/X-Verhältnisses durch die Verwendung von Freileitungen, zu treffen. Ferner kann die Destabilisierung des Systems durch die zeitweise Regler-Optimierung vermieden werden. Im nächsten Kapitel werden die Themen Stabilisierungsmaßnahmen und Vermeidung von Wechselwirkungen eingehend adressiert.

4 Stabilisierungsmaßnahmen für Umrichter dominierte Verteilernetze

Nach den bisherigen Erkenntnissen, zu den Wechselwirkungen in einem Umrichter-dominierten Verteilernetz, gibt es eine Vielzahl an Einflussgrößen. Entsprechend den Simulationsergebnissen stehen verschiedene Optionen zur Verbesserung oder Gewährleistung der Systemstabilität zur Verfügung.

Aufgrund der Erkenntnisse aus Abschnitt 3.4 können die Stabilisierungsmaßnahmen, je nach Zugangspunkt im Verteilernetz, in drei Kategorien unterteilt werden, vgl. Tab. 3.11 und Tab. 3.12.

- Stabilisierung durch Anpassung der Netzelemente
- Stabilisierung durch Anpassung des Umrichter-Zustands
- Stabilisierung durch Optimierung des Regelkreises

Die Stabilisierungsmaßnahme durch Anpassung der Netzelemente, wie Kabel, Freileitung und Transformatoren, umfasst die Methode des zusätzlichen Schaltens von Verbrauchern oder die Durchführung von Netzmaßnahmen, wie die Verwendung von Leitern mit höherem Widerstand. Bei der Stabilisierungsmaßnahme durch Anpassung des Umrichter Zustands, kann beispielsweise durch Einstellung des Arbeitspunktes des Umrichters, wie durch Vermeidung des Leerlaufzustands oder durch Blindleistungseinspeisung, ein Stabilisierungseffekt erreicht werden. Zudem sind, lediglich bedingt durch Bemessungsleistungen und -kenndaten, für eine Anpassung der Systemstabilität an sich ändernde Systemanforderungen begrenzte Möglichkeiten gesetzt. Aufgrund der damit verbundenen Übertragungsverluste, hohen Investitionen und mangelnder Flexibilität, werden im Rahmen dieser Arbeit die Stabilisierungsmaßnahmen "Anpassung der Netzelemente“ und „Anpassung des Umrichter Zustands“ nicht weiterverfolgt. Gemäß Abschnitt 3.5, verglichen mit den anderen beiden Maßnahmenkategorien, erweist sich die Optimierung des Regelkreises als effizienteste Anpassungsmöglichkeit bzw. Steuerungsmöglichkeit der Systemstabilität.

Es folgt die zu beantwortende Forschungsfrage:

„***F4*** • *Wie kann der Wechselrichter eine positive Rolle in Bezug auf die Systemstabilität spielen*?“

Dieses Kapitel konzentriert sich auf die Maßnahmen, durch die das Umrichter dominierte Verteilungssystem verbessert werden kann, indem technische Maßnahmen für das Umrichtergesteuerte System geregelt werden.

Das folgende Kapitel gliedert sich in 4 Abschnitte. Im Abschnitt 4.1 stellen wir eine Möglichkeit vor, durch Beeinflussung der lokalen Regelkreisdynamik des Umrichters, die Systemstabilität des von Umrichtern dominierten Verteilnetzes zu verbessern. Dieser Ansatz wird mit Hilfe eines Dämpfungsglieds im Regelkreis realisiert, fokussiert darauf lokale Schwingungen zu dämpfen. Dafür ist eine lokale Beobachtbarkeit am Anschlusspunkt des Umrichters erforderlich.

Zudem bietet sich durch kaskadierte Regelungstrecken die adaptive, und somit online-, Anpassung zur arbeitspunktabhängigen Regler Parametrierung, mit dem Ziel die Systemstabilität durch eine zuvor festgelegte Zielfunktion zu erreichen, an. Zudem ist, bevor die neuen Regler Parameter gemäß der nach einer Zielfunktion ausgelegten Verfahren implementiert werden, eine Überprüfung der Stabilität der einzelnen Umrichter notwendig. In diesem Fall wird eine globale Optimierung vorgeschlagen, bei der der Einfluss der Spannung an jedem Netzwerkanschlusspunkt auf die Regelkreis-Parametrierung berücksichtigt wird.

4.1 Stabilisierung durch einen Verteilnetz-Stabilizer

In Anbetracht der lokalen Stabilisierungsmaßnahme, bei der von einer Online-Parametrierung der bestehenden Regelstruktur bezüglich deren Online-Stabilitätsprüfung Abstand genommen wird, ist der Einfluss der Leiter bzw. der Filter auf die Stabilität in die Überlegungen einzubeziehen. Deren jeweiliger Effekt wäre im Regelkreis der Umrichter anhand eines arbeitspunktabhängigen Stabilisierungssignals, gemäß dem Gedanken eines virtuellen Dämpfungsglieds zu berücksichtigen. Die eigentliche Stabilität des Umrichters soll dabei weiterhin vor Allem auf dessen Parametrierung beruhen. Gemäß den Ergebnissen der Parametervariation in Tab. 3.11, stellt der Abgleich von $i_{dq(soll)}$ und $i_{dq(ist)}$vor dem Stromregler einen geeigneten Ansatzpunkt zum Einbringen eines Zusatzsignales dar, da sich dort durch die hohe Dynamik bzw. Einflussstärke des Stromreglers eine gute Stelle zu dessen Umsetzung bietet.

Abb. 4.1 veranschaulicht den Ansatz des Dämpfungsglieds. Es wird hierbei auf die Darstellung von Transformationen wie auch dem eigentlichen Umrichter verzichtet. Die Messung der Eingangsgrößen erfolgt am Netzanschlusspunkt (NP). Mit Hinblick darauf, dass ein stabilisierendes Zusatzsignal für i_{dq} erzeugt werden soll, wird als Eingangssignal die Spannung am NP des Umrichters verwendet, sodass direkt ein Stromsignal berechnet werden kann und die Arbeitspunktabhängigkeit des Stabilizers garantiert wird. Basierend auf der vom NP des Umrichters gemessenen Spannung u_{NP}, berechnet der Stabilizer mit der voreingestellten Impedanz G_z, die Werte für den Stromregler i_{dqz}, die sich zusätzlich zu dem Δi_{dq} vor dem untergeordneten Stromregler addieren.

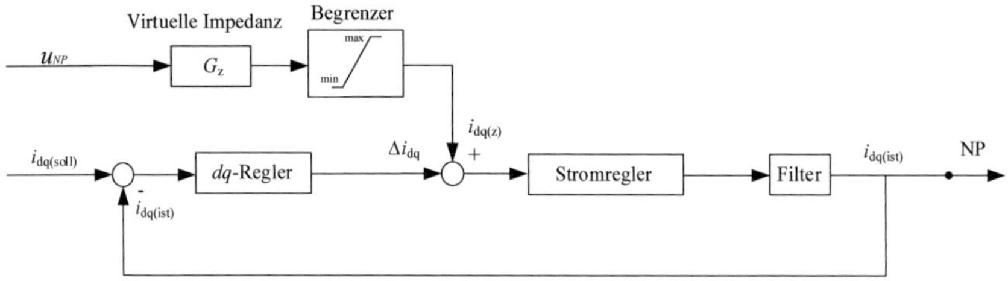

Abb. 4.1: Umsetzung eines spannungsabhängigen Stabilizers [149]

Abb. 4.2 zeigt, wie der Ansatz des G_z in einem Umrichter dominierten Verteilernetz erfolgen wird. Die Stabilizer, wie in Abb. 4.1 gezeigt, kann in einen einzelnen Umrichter oder gleichzeitig in mehrere Umrichter des Netzbezirks eingebaut werden. In diesem Fall unterscheiden sich lokal koordinierte Stabilizer und global koordinierte Stabilizer.

Im Falle des lokal koordinierten Stabilizers wird eine Übertragungsfunktion G_z, auf der Grundlage der anfänglichen Zustandszeit des Netzbezirks, unter Berücksichtigung der Schwingungsfähigkeit des betroffenen Netzwerkdistrikts, kalibriert. Daher ist der resultierende I_{dqz} nur abhängig von der am Netzanschlusspunkt lokal gemessenen Spannung u_{PN}. Das heißt, die Zustandsänderung des Netzbezirks spiegelt sich nicht direkt in der G_z wider. Durch die Spannungsmessung U_{pn} am Netzanschlusspunkt kann jedoch indirekt der Zustand des Netzbezirks mit einbezogen werden. Ein direkter Einfluss auf G_z ist hinsichtlich der globalen Optimierung nicht gegeben.

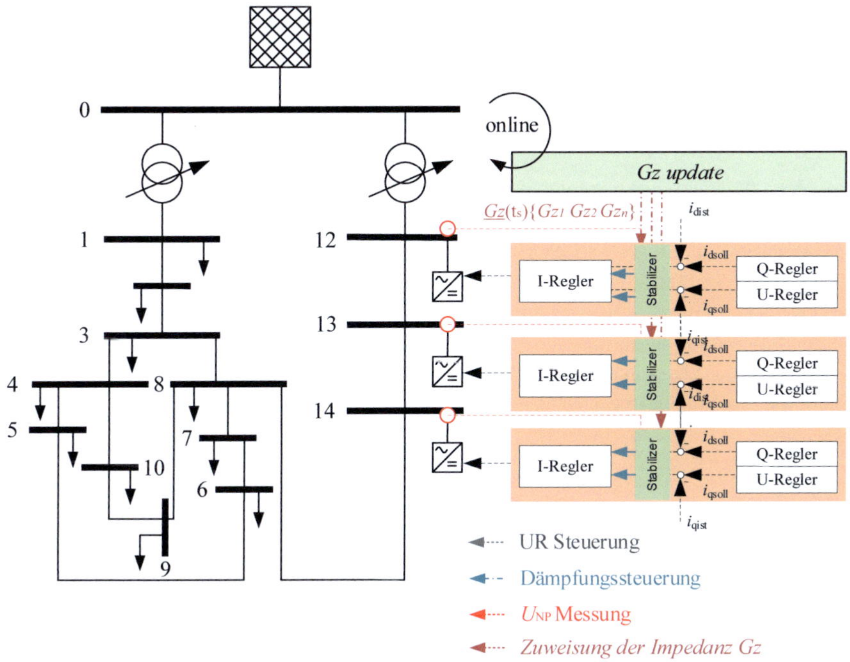

Abb. 4.2: Stabilizer im Umrichter dominierten Verteilernetz

Im Vergleich dazu ist beim Online-Stabilizer-Ansatz das G_z-Update möglich. Diese sind jedoch mit einer höheren Beobachtbarkeit des Netzwerkdistrikts versehen, was durch eine Verteilernetz-SCADA realisiert werden kann [150]. Für die Diskussion der Allgemeingültigkeit des Stabilisators als Lösung zur Vermeidung von Destabilisierung im von Umrichtern dominierten Verteilnetz, konzentriert sich diese Arbeit auf den Offline-Ansatz.

Zu Implementierung des Ansatzes, wird die Impedanz G_z durch einen Widerstandwert R_F und Induktivität L_F realisiert, da die Veränderungen der Umrichter Struktur nur sehr begrenzt Einfluss auf den Filter nehmen. Im Vergleich zum Widerstandswert, der einen sehr großen Einfluss auf die Stabilität besitzt, hat diese jedoch keine lineare Einflussmöglichkeit auf die Systemstabilität gezeigt. Für die Realisierung einer stabilisierenden Wirkung durch R_F ist eine Zunahme dessen Widerstandwertes und mit zu Hilfenahme von L_F eine Reduktion dessen Induktivitätswertes, durch etwaige kapazitive Filtereinrichtungen, zu erreichen. Der Einfluss des Stabilizers hinsichtlich des Führungsverhaltens muss mittels Begrenzer beschränkt werden. Der Begrenzer lässt nur einen kleinen Prozentanteil des Nennstroms des Umrichters durch. In Abb. 4.1 ist die Regelstruktur mit Stabilizer dargestellt, wobei auf die Darstellungen von Transformationen sowie den eigentlichen Umrichter verzichtet wurde. Am Netzanschlusspunkt erfolgt die Messung der Eingangsgrößen. Ziel des Stabilizers ist ein stabilisierendes Zusatzsignal für i_{dq} zu generieren. Mit der Spannung am Netzknoten als Eingangssignal kann direkt ein Stromsignal berechnet werden, das die Arbeitspunktabhängigkeit des Stabilizers garantiert. Vorteilhaft an dieser Struktur und der Wahl des Eingangssignals ist, dass dieses bereits vorliegt, da es für die Berechnung von $i_{dq(ist)}$verwendet wird. Somit wird keine zusätzliche Messeinrichtung benötigt.

Der Dämpfungswirkungen des Stabilizer G_z wird durch Widerstand R_z realisiert. Der Grund dafür liegt am linearen Zusammenhang zwischen dem R_z-Wert und der Sensitivität der Systemstabilität. Im Gegensatz zur Verwendung einer Kapazität oder Induktivität wird bei einem Widerstand die Systemordnung nicht erhöht und somit die Komplexität für analytische Betrachtungen nicht weiter erhöht.

Die Umrichter Parametrierung erfolgt nach Vorgaben, wie beispielsweise einem gewünschten Dämpfungsgrad des Systems. Dabei werden die Parameter für eine nominelle Netzstruktur und Verbraucher ausgelegt. Abweichungen zum nominellen System können zur Abweichung des gewünschten Verhaltens führen. So besteht die Möglichkeit, dass beispielsweise ein kleinerer Dämpfungsgrad als der gewünschte erreicht wird. Somit ist es notwendig während des Netzbetriebs die gewünschte Zielgröße zu bestimmen. In dieser Arbeit wird der Dämpfungsgrad als Zielgröße festgelegt. Durch Online-Messungen lassen sich die dominanten Schwingungsanteile bestimmen und das Dämpfungsverhalten des Systems berechnen. Mit

$$\zeta_{\text{neu}} = \zeta_{\text{Systemauslegung}} - \zeta_{\text{Systemändeurng}} + m_{\text{System}} \cdot R_z \tag{4.1}$$

kann der resultierende Dämpfungsgrad beeinflusst werden, wobei sich dieser aus dem Dämpfungsgrad der Systemauslegung, dem durch die Systemänderung bedingten Dämpfungsgrad und dem durch die virtuelle Impedanz bewirkten Dämpfungsgrad zusammensetzt. Die arbeitspunktabhängige Einflussstärke der Stabilizer wird durch den Faktor m_{System} ausgedrückt. Je nach Netztopologie, Umrichteranzahl und Netzelementen wird dessen Wert angepasst. Der Stabilizer verfolgt das Ziel

$$\zeta_{\text{neu}} = \zeta_{\text{Systemauslegung}} \tag{4.2}$$

einzuhalten und somit den Einfluss der Systemänderung hinsichtlich des Dämpfungsgrads zu kompensieren. Dadurch wird die Robustheit gegenüber Modellunsicherheiten und Störeinflüssen wesentlich erhöht.

Da die Berechnungen der Regelstruktur, bzw. die Stelle zur Addition des Zusatzsignales, in *pu*-Größen erfolgt, ist dementsprechend eine Implementierung des Stabilizers in *pu*-Größen, mit Hilfe der Nennspannung und des Bezugswiderstands, erforderlich. Diese wird nach Abb. 4.3 vorgenommen.

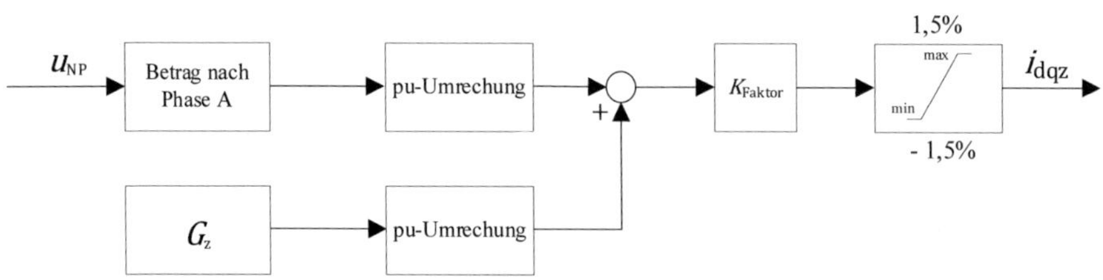

Abb. 4.3: Implementierung des Stabilizers

Von der am Netzanschlusspunkt gemessenen Spannung, wird hierbei lediglich eine Phase, in dieser Ausführung die Phase *A*, verwendet, um die gleiche Dimension für die nachfolgende Berechnung von i_{dqz} sicherzustellen. Durch den Modellierungsansatz bedingt, gemäß Abschnitt 2.3, weisen alle

Phasen die gleiche Amplitude auf. Demnach kann an dieser Stelle auch die Phase *B* oder *C* verwendet werden. Ferner ist der Winkel der Phasenspannung zu eliminieren, da dieser, bei der beabsichtigten Einbringung des Zusatzsignals, in den Berechnungen mit *dq*-Größen nicht vorliegt. Für die Berechnung der Stabilizer wird der reziproke Wert verwendet, sodass mit steigendem Wert R_{VI}, durch den Einfluss dessen, ein größerer Strom i_{dqz} erzeugt wird. Anhand eines Verstärkungsfaktors wird eine Anpassung des Signals erreicht, mit der eine Justierung des ursprünglichen Signals vorgenommen werden kann. Dieser wurde in Anbetracht des hohen Wertes für die Nenngrößen, bedingt durch deren Einfluss auf die Umrechnung in *pu*-Größen, mit 0,01 bedacht, sodass auch eine entsprechende Verstellbarkeit von i_{dqz}, in den Grenzen des nachfolgenden Begrenzers, möglich ist. Dieser gewährleistet, dass das generierte Signal i_{dqz}, das ursprüngliche Signal $i_{dq(soll)}$ nicht aushebelt. Hierfür wird dieses mit $\pm 0{,}25$ % des Nennstromes begrenzt.

Das Stromsignal, welches gemäß der Abb. 4.3 generiert wird, ist gleichwohl vom *d*- als auch *q*-Anteil zu subtrahieren, sodass keine Unterscheidung nach *d*- bzw. *q*-Komponenten vorgenommen wird. Hierdurch wird der zusätzliche resistive Charakter in beiden Achsen eingeprägt, sodass bei der Zielfunktion eine Stabilisierung, im Sinne der Dämpfungsgraderhöhung, erreicht wird. Es sei jedoch anzumerken, dass der Stabilizer keine Leistungsoszillationen, im Sinne der Arbeitsweise eines PSS oder ähnlichen Einrichtungen mit Filtern, gezielt herausfiltert.

Das Einflussvermögen des Stabilizers wird durch die Nähe dessen zur Anregung bestimmt. Demnach ist bei der Anbringung des Stabilizers auch die Wahl des Anbringungsortes, also ob diese an jedem Umrichter oder lediglich bei Umrichtern in der Nähe von potenziellen Elementen zur Systemanregung angebracht werden, zu bedenken.

Als nächster Schritt erfolgt die Verifikation der Arbeitsweise des Stabilizers. Hierfür wird, anhand verschiedener Szenarien, die zuvor unterstellte Linearität der Arbeitsweise des Stabilizers überprüft und dessen Arbeitspunktabhängigkeit nachgewiesen, resultierend in unterschiedlich zu wählendem G_Z.

Linearer Zusammenhang des Stabilizer-Einflusses

Es soll der zuvor unterstellte lineare Charakter des spannungsabhängigen Stabilizers untersucht werden. Dafür wird das Basisnetz mit entsprechender Leiteraufteilung verwendet. Die Umrichter werden mit einer Einspeisescheinleistung von 3 MVA und einem $\cos\varphi = 0{,}95$ im Referenznetz *R_INTRA_3* betrieben.

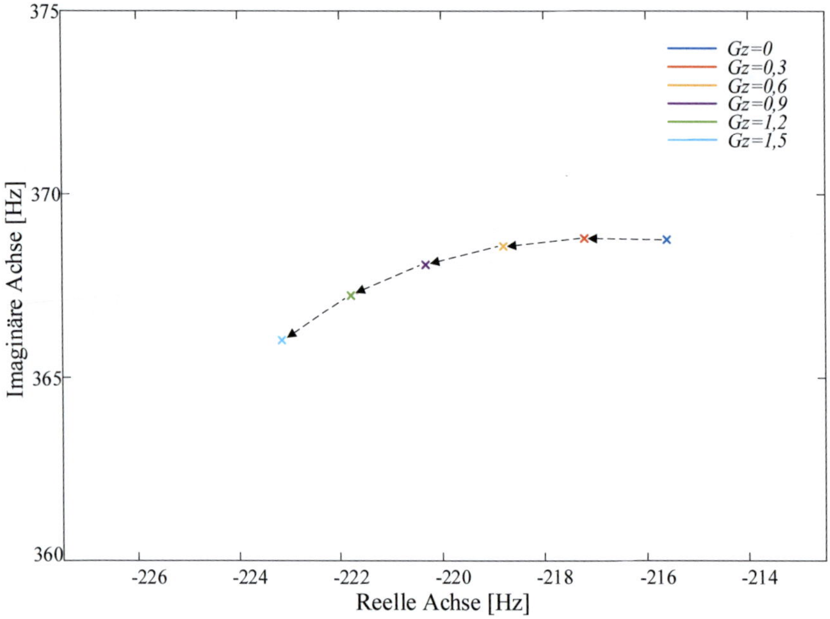

Abb. 4.4: Bewegung der dominanten Polstellen (positiver Eigenwert des konjungiert komplexen Polpaares) resultierend aus der Variation des Wertes der *Gz*

Bei der Analyse der Polwanderung wird deutlich, dass ein leicht degressiver Trend des Realteils erkennbar ist, vgl. Abb. 4.4. Dabei ist der dominierende Pol als Polstelle, der größte Reelle Anteil besetzt.

Der resultierende Einfluss auf den Dämpfungsgrad des Systems ist aus Tab. 4.1. Hierbei ist ein Anstieg wahrnehmbar, welcher linear mit einer progressiven Tendenz ist, siehe die bereinigte relative Abweichung des Dämpfungsgrades. Dementsprechend wird vom imaginären Anteil, der degressive Trend des Realteils ausgeglichen und bleibt, gemäß der Entwicklung des Dämpfungsgrades, sogar noch minimal erkenntlich. Darüber hinaus weist das System durch die Verwendung eines Stabilizers, eine Gesamtverbesserung auf. Das Überschwingverhalten, wie aber auch die Gesamteinschwingzeit des Systems nehmen demnach ab. Dies spiegelt sich in einer Zunahme der Reaktionsfähigkeit des Systems, erkenntlich durch eine Reduktion der Zeitkonstante τ, wider.

Tab. 4.1: Analyse des Schwingungsverhaltens des dominanten Polpaares und Gesamtschwingverhalten des Systems in Abhängigkeit des Wertes der Stabilizer

	$G_z = 0\Omega$	**$G_z = 0{,}3\Omega$**	**$G_z = 0{,}6\Omega$**	**$G_z = 0{,}9\Omega$**	**$G_z = 1{,}2\Omega$**	**$G_z = 1{,}5\Omega$**
Dämpfungsgrad ζ	0,5047	0,5075	0,5105	0,5136	0,5170	0,5205
normiert $\lvert\Delta\zeta\rvert$	0,00%	0,55%	0,57%	0,59%	0,61%	0,63%
Schwingungs-frequenz *f* [Hz]	58,6906	58,6950	58,6600	58,5804	58,4472	58,2524
Überschwingen	0,1593	0,1572	0,1549	0,1525	0,1500	0,1473
Zeitkonstante τ **[s]**	0,0046	0,0046	0,0046	0,0045	0,0045	0,0045
Einschwingzeit [s]	0,0170	0,0169	0,0168	0,0167	0,0166	0,0165

Ansatz des Stabilizers im Umrichter dominierten Verteilernetz

Als nächster Schritt wird der Stabilisierung-Effekt des Stabilizers untersucht. Hierbei wird als Ausgangsmodell das *R_INTRA_3* verwendet (siehe Tab. 3.1 zeigt eine Übersicht der Referenznetze, die in dieser Arbeit zur numerischen Simulation verwendet werden. Die detaillierten Daten des Referenznetzes sind im Anhang beigefügt. Die Auswirkung, von Modul U.Agg und Ü.Agg auf die Stabilität, wird anhand des Testnetzes *R_INTRA_1* und *R_INTRA_2* dargestellt. Die Ergebnisse sind in Anhang A3 dargestellt.

Tab. 3.1), bei dem die Umrichter eine Scheinleistung von je 3 MVA mit einem $\cos\varphi = 0{,}95$ einspeisen. Dieses Netz wird nun schrittweise auf bis zu sechs Umrichter erweitert. Dabei wird eine jeweils angepasste symmetrische Leiterverteilung, je nach Umrichteranzahl, verwendet. In Abb. 4.5 ist die Wanderung der Eigenwerte mit steigender Umrichteranzahl, wie auch der Einfluss des Stabilizers veranschaulicht.

Der Betriebsfall mit drei Umrichtern dient als Basisfall. Dieser wird für die Parametrierung der Umrichter, mit dem Ziel diese mit einem Dämpfungsfaktor von mehr als 50 % auszustatten, herangezogen. Es sind hierbei die identischen Parameterwerte, gemäß Tab. A 4 im Anhang, für alle Umrichter verwendet. Das Netz wurde darauffolgend schrittweise um je einen Umrichter erweitert.

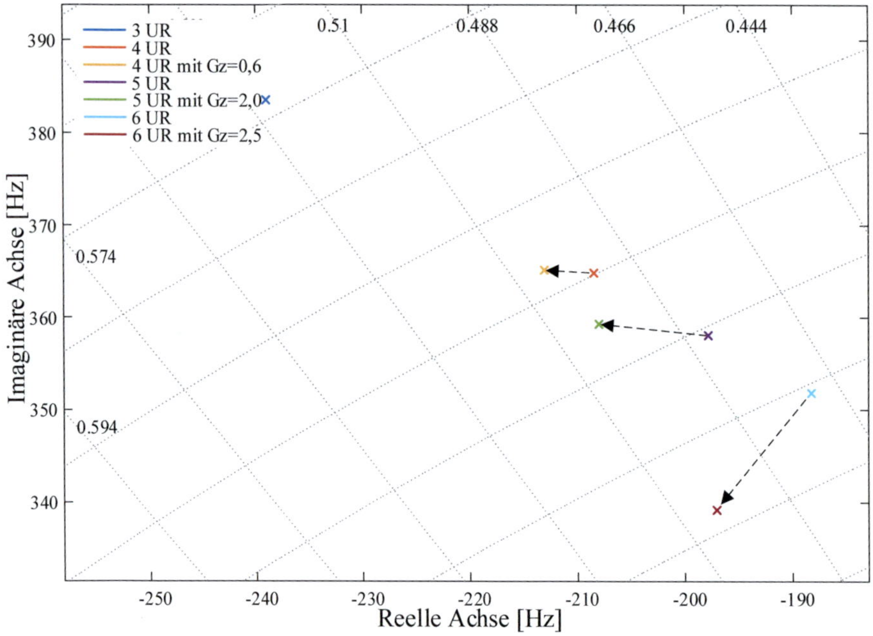

Abb. 4.5: Systemstabilisierung im Umrichter dominierten Verteilernetz, Bewegung der dominanten Polstellen (positiver Eigenwert des konjungiert komplexen Polpaares)

Es ist erkenntlich, dass mit zunehmender Anzahl an Umrichtern die Stabilität des Mittelspannungsnetzes abnimmt, bedingt durch eine Abnahme des Realteils mit gleichzeitiger Steigerung des Imaginärteils.

Dies wird auch aus der Entwicklung des Dämpfungsgrades erkenntlich, vgl Tab. 4.2. Hierbei zeigt sich deutlich, dass mit steigender Anzahl an Umrichtern das Netz instabiler wird bzw. zu Schwingungen neigt. Für die Sicherstellung der Systemstabilität soll nun der Stabilizer an den jeweils am Netz befindlichen Umrichtern aktiviert und mit einem Wert ausgelegt werden, sodass ein Dämpfungsgrad von größer 50 % erreicht wird. Dies ist je nach der am Testnetz angeschlossenen Umrichter Anzahl individuell vorzunehmen.

Tab. 4.2: Analyse des arbeitspunktabhängigen Schwingungsverhaltens des dominanten Polpaares und Gesamtschwingverhalten des Systems

	3 UR, Gz = 0Ω	**4 UR, Gz = 0Ω**	**4 UR, Gz = 0,6Ω**	**5 UR, Gz = 0Ω**	**5 UR, Gz = 2,0Ω**	**6 UR, Gz = 0Ω**	**6 UR, Gz = 2,5Ω**
Dämpfungsgrad ζ	0,5289	0,4961	0,5041	0,4836	0,5010	0,4718	0,5023
Schwingungsfrequenz *f* [Hz]	61,04	58,06	58,11	56,99	57,18	55,99	53,99
Überschwingen	0,1411	0,1661	0,1598	0,1763	0,1623	0,1862	0,1612
Zeitkonstante τ [s]	0,0042	0,0048	0,0047	0,0051	0,0048	0,0053	0,0051
Einschwingzeit [s]	0,0155	0,0175	0,0172	0,0182	0,0176	0,0188	0,0186

Eine Analyse der Entwicklung des Wertes für R_z, mit Hinblick auf eine unterlagerte Linearität des Impedanz Bedarfes, ist, im Gegensatz zum vorherigen Szenario, nicht durchführbar. Somit liegt eine multifaktorielle Variation vor. Dennoch ist die Wirksamkeit des spannungsabhängigen Stabilizers nachgewiesen. Durch eine zeitinvariante G_z kann der Stabilizer der Destabilisierung entgegenwirken, die durch die zunehmende Anzahl von Umrichter im Verteilernetz verursacht wird. Es entsteht ein Aufwand, da die Struktur im Regelkreis neu angepasst werden muss. Im nächsten Abschnitt wird eine alternative Methode vorgestellt, die den vorhandenen Regelkreis des Umrichters optimiert und dadurch einen stabilisierenden Effekt erzielt.

4.2 Dynamisches Regler Tuning im Umrichter-dominierten Verteilernetz

Wie im Abschnitt 2.2 vorgestellt, besteht der Regelkreis des Umrichters aus zwei kaskadierten Regelkreisen (siehe Abb. 2.2), einem Spannungsregler für die Zwischenkreisspannung U_{zk} und einem unterlagerten Stromregler [13]. Die Ergebnisse der Literaturrecherche zeigen, dass es keine einheitliche Vorschrift für die Parametrierung der kaskadierten Regelkreise des Umrichters gibt. Für den Einzelumrichter wird der kaskadierte Regelkreis durch eine der fünf gängigen Parametrierungsmethoden eingestellt (siehe Abschnitt 2.2.3). Dabei wird jedoch nur die eigene Zustandsgröße des betroffenen Umrichters berücksichtigt.

Dies bedeutet, dass in einem Netzbezirk, in dem mehrere Umrichter vorhanden sind, einzelne Umrichter, ohne Rücksicht auf andere Umrichter, die sich im gleichen Netzbezirk befinden, parametriert werden. Dabei besteht das Risiko, wie im Abschnitt 3.5 gezeigt, den Netzbezirk zu destabilisieren.

Zu diesem Zweck wird ein neues Konzept „Dynamisches Regler Tuning (DRT)" vorgeschlagen, um den Einfluss aller Stromrichter zu berücksichtigen. In Abb. 4.6 wird das Konzept veranschaulicht, das durch dynamische Abstimmung der Parametermatrix $\underline{K}(t_n)$ $\{K_{UR1}, K_{UR2}, ...K_{URn}\}$ einen stabilisierenden Effekt sicherstellt.

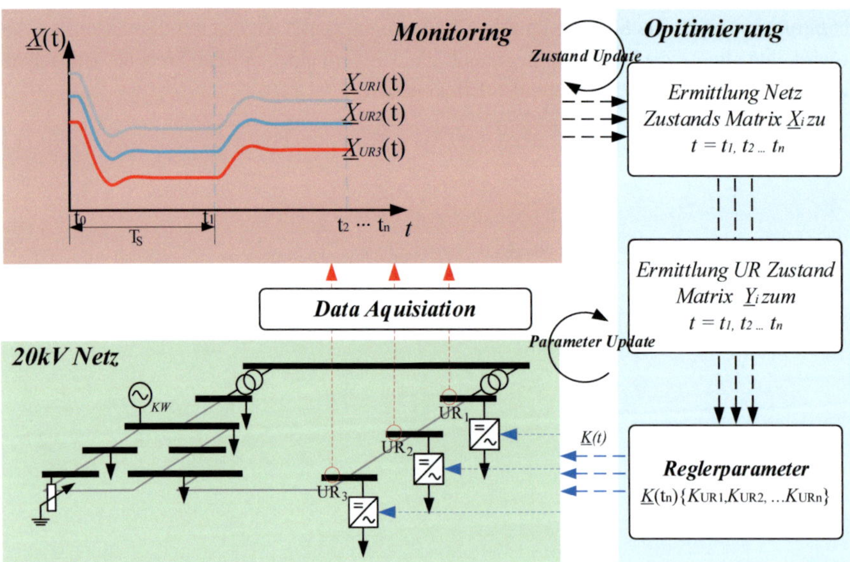

Abb. 4.6: DRT Konzept zur Stabilisierung eines Umrichter-dominierten Verteilernetzes

Das Konzept wird durch ein Beispiel im 20-kV-Verteilernetz veranschaulicht. Es gibt 3 Umrichter UR1, UR2 und UR3, die an Knoten Nr.1, Nr. 2 und Nr. 3 im Beispielnetz angeschlossen sind (siehe Abb. 4.6). Die lokale Messung an den Netzanschlusskonten des Umrichters UR1, UR2 und UR3 werden zur Überwachung des Zustands des Netzes $\underline{X}_{UR1}(t_0)$, $\underline{X}_{UR2}(t_0)$ und $\underline{X}_{UR3}(t_0)$ zum Zeitpunkt

t=t_0 durchgeführt. Die Messung des Netzzustandes wird im Takt T_S durchgeführt. Das ergibt die Netzzustandsmatrix $\underline{X}(t_0)$:

$$\underline{X}(t_0) = \begin{Bmatrix} |U|_{UR1\_NP}(t_0) & \delta_{UR1\_NP}(t_0) \\ |U|_{UR2\_NP}(t_0) & \delta_{UR2\_NP}(t_0) \\ |U|_{UR3\_NP}(t_0) & \delta_{UR3\_NP}(t_0) \end{Bmatrix} \tag{4.3}$$

Der Aktualisierungszyklus wird gemäß der Netzwerkdynamik definiert, die durch die Anzahl der Umrichter bestimmt wird.

$$\underline{Y}(t_0) = \begin{Bmatrix} i_{d\_UR1}(t_0) & i_{q\_UR1}(t_0) & U_{ZK\_UR1}(t_0) \\ i_{d\_UR2}(t_0) & i_{q\_UR2}(t_0) & U_{ZK\_UR2}(t_0) \\ i_{d\_UR3}(t_0) & i_{q\_UR3}(t_0) & U_{ZK\_UR3}(t_0) \end{Bmatrix} \tag{4.4}$$

Die Regler Parameter des Umrichters sind von SO (siehe Abschnitt 2.2.3) für den inneren Stromkreis und von SKO für den überlagerten Spannungskreis bestimmt (siehe Anhang A.7). Die Parameter Matrix $\underline{K}(t_0)$ zum Zeitpunkt t=t_0 beinhaltet den Parametervektor $\underline{K}_{UR1}(t_0)$ für Umrichter UR1, $\underline{K}_{UR2}(t_0)$ für Umrichter UR2 und $\underline{K}_{UR3}(t_0)$ für Umrichter UR3. Wie in Formel (4.5 gezeigt, sind dabei $K_{UR1\_SO}(t_0)$ und $T_{UR1\_SO}(t_0)$ die Regler Parameter des unterlagerten Stromkreis von Umrichter UR1 zum Zeitpunkt t=t_0 und $K_{U1\_SKO}(t_0)$ $T_{UR1\_SKO}(t_0)$ die Regler Parameter des überlagerten Spannungskreis von Umrichter UR1 zum Zeitpunkt t=t_0. Wie im Abschnitt 2.2 erläutert, wird die Umrichter Parameter Matrix $\underline{K}(t_0)$ anhand der Netzzustandsmatrix $\underline{X}(t_0)$ und Umrichterzustandsmatrix $\underline{Y}(t_0)$ bestimmt.

$$K_{UR1}(t_0) = \{K_{UR1\_SKO}(t_0) \quad T_{UR1\_SKO}(t_0) \quad K_{UR1\_SO}(t_0) \quad T_{UR1\_SO}(t_0)\} \tag{4.5}$$

Das macht $\underline{K}(t_0)$ ein 3x4 Matrix:

$$K(t_0) = \begin{Bmatrix} K_{UR1\_SKO}(t_0) & T_{UR1\_SKO}(t_0) & K_{UR1\_SO}(t_0) & T_{UR1\_SO}(t_0) \\ K_{UR2\_SKO}(t_0) & T_{UR2\_SKO}(t_0) & K_{UR2\_SO}(t_0) & T_{UR2\_SO}(t_0) \\ K_{UR3\_SKO}(t_0) & T_{UR3\_SKO}(t_0) & K_{UR3\_SO}(t_0) & T_{UR3\_SO}(t_0) \end{Bmatrix} \tag{4.6}$$

Die Parameter $\underline{K}_{UR1}(t_0)$, $\underline{K}_{UR1}(t_0)$ und $\underline{K}_{UR3}(t_0)$ sind den Umrichtern UR1, UR2 und UR3 zugewiesen.

Zum Zeitpunkt t=t_1 hat sich der Netzwerkzustand, beispielsweise aufgrund der Arbeitspunktänderung von UR1, geändert. Die im Aktualisierungszyklus T_S gemessene Zustandsänderung spiegelt sich im neuen Zustand der Matrix $\underline{X}(t_1)$ wider.

Dies führt zu einer neuen Umrichterzustandsmatrix $\underline{Y}(t_1)$:

$$\underline{Y}(t_1) = \begin{Bmatrix} i_{d\_UR1}(t_1) & i_{q\_UR1}(t_1) & U_{ZK\_UR1}(t_1) \\ i_{d\_UR2}(t_1) & i_{q\_UR2}(t_1) & U_{ZK\_UR2}(t_1) \\ i_{d\_UR3}(t_1) & i_{q\_UR3}(t_1) & U_{ZK\_UR3}(t_1) \end{Bmatrix}$$

Basierend darauf wird eine neue $\underline{K}(t_1)$ zum Zeitpunkt $t=t_1$ erstellt.

Es ist zu beachten, dass die Zustandsaktualisierung sowohl in einem bestimmten Aktualisierungszyklus T_S durchgeführt als auch durch ein lokales Ereignis, z. B. durch Ein- oder Ausschalten des Umrichters, Arbeitspunktsprung usw., ausgelöst werden kann.

Die dynamische Regler Parametrierung bietet einen guten Überblick über den Zustand des Netzbezirks. Die Steuerungsdynamik des Umrichters wird ständig an den aktuellen Netzstatus angepasst. Unter Berücksichtigung der anderen Wechselrichter erhält die dynamische Regler Parametrierung einen besseren Stabilisierungseffekt.

Als nächster Schritt erfolgt die Verifikation der Arbeitsweise des DRT. Hierfür wird das DRT-Konzept mit Referenznetz *R_INTER_4*, gemäß Abschnitt 3.2, getestet. Dabei besteht das Referenznetz aus zwei durch 110 kV gekoppelte Mittelspannungsnetze (siehe Abb. 3.8): Netzbezirk 1 steht für das Eigen-MS-Netz, Netzbezirk 2 für das benachbarte MS-Netz.

Abb. 4.7 zeigt die Systemdynamik im Pol-Null Diagramm. Dabei unterscheiden sich 4 Baustufe-Szenarien:

- DRT-Ansatz wird nicht angewendet
- DRT-Ansatz wird nur in Netzbezirk 2 angewendet (Anwendung von DRT im Nachbarnetz)
- DRT-Ansatz wird nur in Netzbezirk 1 angewendet (Anwendung von DRT im Eigennetz)
- DRT-Ansatz wird in Netzbezirk 1 und Netzbezirk 2 angewendet

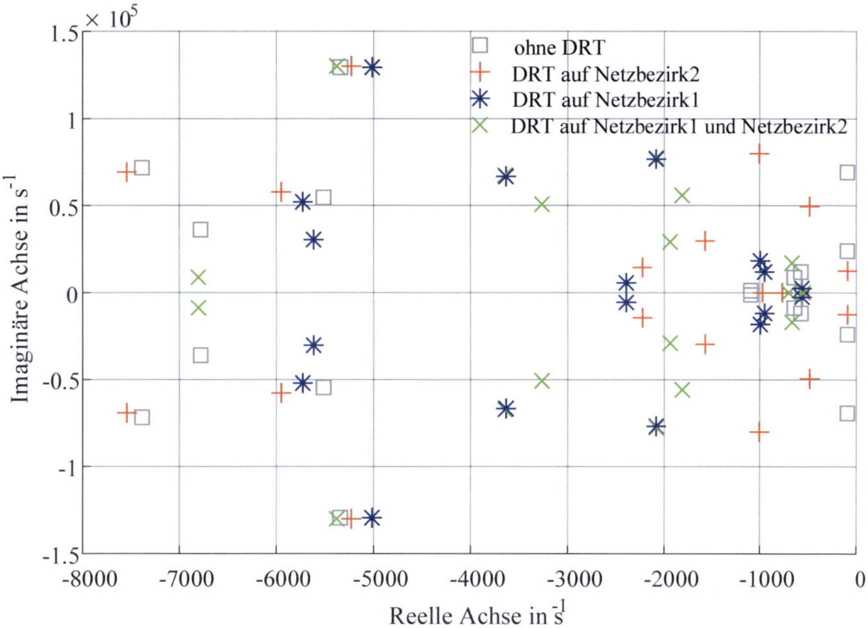

Abb. 4.7: Pol-Null Diagramm des Referenznetz *R_INTER_4* in Szenarien ohne DRT, nur Netzbezirk 1 mit DRT, nur Netzbezirk2 mit DRT und beiden mit DRT

Bei der Analyse der Polwanderung wird deutlich, dass die Stabilität des Netzes durch Ansatz des DRT zunimmt, bedingt durch eine Abnahme des Realteils.

Der resultierende Einfluss auf den Dämpfungsgrad des Systems ist aus Tab. 4.3 entnehmbar. Hierbei ist ein Anstieg des Dämpfungsgrad wahrnehmbar. Darüber hinaus weist das System durch die Verwendung des DRT eine Gesamtverbesserung auf. Das Überschwingverhalten, wie aber auch die Gesamteinschwingzeit, des Systems nehmen demnach ab. Dies spiegelt sich in einer Zunahme der Reaktionsfähigkeit des Systems, erkenntlich durch eine Reduktion der Zeitkonstante, wider.

Tab. 4.3: Schwingungsverhalten durch Anwendung von DRT

	Dämpfungsgrad	Schwingungs-frequenz in Hz	Überschwingung in %	Zeitkonstante in Sekunden	Einschwingzeit in Sekunden
Ohne	0,004	3802,21	0,987	10,32	40,39
DRT in Netzbezirks 2	0,008	2065,83	0,977	10,25	40,10
DRT in Neztbezirk1	0,024	393,59	0,485	1,755	6,87
DRT in Neztbezirk1 und Netzbezirks2	0,039	271,51	0,883	1,486	5,81

Zusammenfassend lässt sich sagen, dass der Effekt des DRT in allen Baustufen des DRT positiv zu erkennen ist. Mit Fortschritt des Anwendungsbereichs nimmt die Verbesserung des Systemverhaltens zu. Bereits bei Anwendung von DRT im Nachbarnetz, ist ein Stabilisierungseffekt in Netzbezirk 1 zu erkennen. Im Vergleich dazu, ist eine deutliche Steigerung der Systemstabilität im Szenario „DRT in Netzbezirk 1" wahrnehmbar, bedingt durch die Verschiebung sämtlicher Polstellen in negativer Richtung der Reelle Achse und so steigendem Dämpfungsgrad und sinkender Einschwingzeit. Mit dem Ansatz von DRT kann die Verbesserung des Systemverhalten sowohl im Eigennetz als auch im benachbarten Netz beobachtet werden. Mit DRT können Umrichter eine positive Rolle im zukünftigen Verteilernetz spielen, im Hinblick auf Wechselwirkungsvermeidung in Umrichter-dominierten Verteilernetzen.

5 Zusammenfassung und Ausblick

5.1 Zusammenfassung der Kernaussagen

Leistungselektronische Komponenten, wie beispielsweise Umrichter, dienen als Schnittstelle zwischen Versorgungsnetz und Einspeisung bzw. Last und Speichern. Beim Ausbau von erneuerbarer Energie gewinnen diese zunehmend an Bedeutung. Der Einfluss der Umrichter auf die Stabilität und die Betriebsführung des Verteilernetzes wird stark zunehmen. Das dynamische Verhalten ist vor allem durch deren Regelstruktur und Regler Parameter bestimmt. Um weiterhin einen sicheren Netzbetrieb gewährleisten zu können, ist eine gründliche Untersuchung der Wechselwirkung zwischen den parallel geschalteten Stromrichtern in Bezug auf Umrichter-dominierte Verteilernetze erforderlich. In der vorliegenden Arbeit sind in diesem Problemkreis mit wissenschaftlicher Methode folgende Forschungsfragen beantwortet worden:

F1 • Gibt es Stabilitätsprobleme in Umrichter-dominierten Netzen?

In Abschnitt 2.5 werden die Forschungsergebnisse der letzten Jahre im Bereich der Stabilitätsuntersuchungen im Übertragungs- und Verteilnetz untersucht. Dabei wird festgestellt, dass die meisten Publikationen Spannungsqualität und Großsignalstabilität von Umrichter-dominierten Netzen thematisieren. Keine Veröffentlichung befasst sich mit der Kleinsignalstabilität von Umrichter-dominierten Netzen, speziell von Umrichter-dominierten Verteilernetzen. Auch die Betrachtung von Umrichter- dominierten Netzen im Kurzzeitbereich konnte in keiner anderen wissenschaftlichen Arbeit gefunden werden.

Zur Beantwortung der Forschungsfrage F1 werden numerische Betrachtungen der Wechselwirkungen in einem Umrichter dominierten Verteilernetz durchgeführt. Je nachdem, wo der Untersuchungsfokus liegt, sollte das Referenznetz in geeigneter Modelltiefe und Modellumfang angegeben werden. Daher wird weiterhin die Frage beantwortet:

***F3 •** Wie muss man Umrichter modellieren, um diese Untersuchungen durchführen zu können*

Die Modellierung des elektrischen Energiesystems wird in vier Ebenen gegliedert, wobei Systemumfang und Modelltiefe gegenläufig sind. Beginnend mit der komplexesten Ebene sind dies die Komponentenebne, Verhaltensebene, funktionale Ebene und Architekturebene, wobei die drei an den häufigsten angewendeten Modellen zum Wechselrichter als Gegenstand der Arbeit betrachtet werden. Nämlich das detaillierte Modell auf Komponentenebene, sowie das Mittelwertmodell und das dynamische Phasormodell auf funktionaler Ebene.

Keines der obigen Modelle allein kann die Szenarien "Umrichter-dominierte Netze" nachbilden, da die Dynamik des übergeordneten und untergeordneten Netzes ebenfalls berücksichtigt werden muss. Dabei besteht die Herausforderung darin, dass die numerische Komplexität der Simulation, aufgrund der wachsenden Anzahl von Wechselrichtern stark steigt. Dies wird zusätzlich durch eine Nachbildung des überlagerten und untergeordneten Netzwerks verstärkt. Die Dimension des Netzes und die große Anzahl von Umrichtern bilden das Dilemma in der Simulation eines von Umrichtern dominierten Verteilernetzes. Diese kann nicht mit der aktuellen gewöhnlichen Simulationsmethode modelliert werden.

Zur Beantwortung der Forschungsfrage **F3**:

„Das Modell des Umrichters muss mindestens in der sogenannten "funktionalen Ebene" ausgeführt werden, um die Regeldynamik nachbilden zu können. Für eine große Anzahl von Umrichtern oder Netzdimensionen ist eine Netzreduktion erforderlich."

In Abschnitt 3.1 wird eine neuartige Modellierungs-Methode vorgestellt. Dabei wird die Dynamik der unterlagerten und überlagerten Netze, mittels Netzreduktionsverfahren, durch aggregierte Modelle nachgebildet. Dadurch verringert sich die Anzahl der Zustandsgrößen, sowie die Berechnungszeit der Simulationen. Das aggregierte Modell des überlagerten Netzes stellt eine gesteuerte Spannungsquelle dar, während das aggregierte Modell des unterlagerten Netzes eine gesteuerte Stromquelle ist.

In Abschnitt 3.2 werden Benchmark-System, mit Bezug auf das CIGRÉ-Referenznetz des europäischen Mittelspannungsnetzes, entwickelt. An Hand dieser neuen Simulationsmodelle werden die Untersuchungen in Abschnitt 3.4 durchgeführt und die Wechselwirkung von Umrichter sowie anderen Netzelementen, wie z.B. Leitern, Verbrauchern und Transformatoren, wie auch unterschiedliche Netztopologien hinsichtlich der Systemstabilität analysiert.

Es wurden Wechselwirkungen mit Hinsicht auf Netzparameter, Umrichteranzahl sowie deren Reglerparameter, Verbraucher und der Netztopologie untersucht. Hierfür wurde in Kleinsignalanregung eine Beurteilung der Systemstabilität des Testnetzes vorgenommen. Dabei wurde durch die gezielte Variation von einzelnen Parametern die Sensitivität der Systemstabilität gegenüber diesen beurteilt. Abschließend wurde eine Klassifizierung der mittleren variationsbereinigten Systemsensitivität, hinsichtlich positiver und negativer Beeinflussung, und demnach eine Kategorisierung der identifizierten Wechselwirkungen vorgenommen.

Als Ergebnisse zur Beantwortung der Forschungsfrage **F1**:

„Ergebnisse der Untersuchung der Intranetzbezirkswechselwirkungen und Internetzbezirkswechselwirkungen zeigen, dass durch eine Erhöhung der Umrichter Anzahl, eine Destabilisierung des Systems auftritt."

F2 • *Welche Mechanismen wirken bei Instabilitätsvorgängen?*

Eine zentrale Erkenntnis ist, dass bei einer Erhöhung der Umrichter Anzahl ein Destabilisierungseffekt auftritt, da mit zunehmender Anzahl an Umrichtern vermehrt aktive Netzelemente durch deren Regeleinheiten die Netzgrößen beeinflussen. Hierbei besitzen die proportionalen Regelglieder einen stabilisierenden Charakter mit steigendem Wert. Der Spannungsregler hat hier, bedingt durch seine überlagerte Einbettung in den Umrichter Regelkreis, den größten Einfluss. Im Vergleich dazu, besitzt der K_P-Anteil des Stromreglers den größten positiven Einfluss. Die Reglerwerte des PLL besitzen hingegen eine vernachlässigbare Korrelation zur Systemstabilität. Neben den Regler Parametern besitzt vor allem der induktive Anteil des Filters einen signifikanten Einfluss auf die Systemstabilität, welcher mit dem proportionalen Glied des Stromreglers in seinem Wirkungsausmaß vergleichbar ist. Jedoch weist ein steigender Betrag der Filterinduktivität eine destabilisierende Wirkung auf. Dies entspricht auch der Erkenntnis aus der Variation des Belagswertes der Leiterinduktivität. Allerdings ist deren Wirkung auf die Lage der Eigenwerte bzw. auf die Veränderung des Systemdämpfungsgrades, mit lediglich einem Neuntel, deutlich geringer als die der Filterinduktivität. Zudem kann auch durch ein hohes R/X-Verhältnis und dem Widerstandswerts des Filters ein positiver Dämpfungseinfluss beobachtet werden.

In die Kategorie der Internetzbezirkswechselwirkungen gehören auch die Stabilitäts-Einflüsse, die sich in einem anderen Netzbezirk befinden, welches durch ein übergeordnetes Netzwerk gekoppelt ist. Es ist ersichtlich, dass die Wechselwirkungen durch die Kopplung der zwei Netzbezirke gedämpft werden. Viele Wechselwirkungen, wie Leiter R-Belag, Leiter R/X und Leiter Z-Belag die in der Kategorie der Intranets erkennbar sind, sind im Internetzwerk-Distrikt nicht mehr ersichtlich. Jedoch, ist zu erkennen, dass bedingt durch eine Erhöhung der Umrichter Anzahl, eine Destabilisierung des benachbarten Netzes auftritt. Die Regelungsparameter haben gegenüber den anderen Parametern die größte Wirkung auf die Netzstabilität. Aus den Kenndaten der Polbewegungen aller Szenarien ist ersichtlich, dass das Internetz eine schwächere Auswirkung auf die Netzstabilität als das Intranetz hat, da der Pol sich bei gleicher Variation der Parameter im Internetz weniger bewegt als im Intranetz. Die Stromregler haben den größten negativen Einfluss. Im Vergleich dazu, kann durch eine Erhöhung des Arbeitspunktes des Umrichters ein positiver Dämpfungseinfluss beobachtet werden.

Zusammengefasst ergeben die numerischen Betrachtungen folgende Ergebnisse:

- Eine wachsende Anzahl von Umrichtern in einem Netzbezirk führt zur Destabilisierung des Netzbezirks.
- Eine wachsende Anzahl von Umrichtern in einem weiteren Netzbezirk, welcher durch ein überlagertes Netz gekoppelt ist, führt zur Destabilisierung des Netzbezirks.
- R-Anteil sowie höhere R/X Verhältnisse der Leitungen und Trafos in einem Netzbezirk haben positive Einflüsse auf die Stabilität des Netzbezirks werken dämpfend.
- Leerlaufende Umrichter in einem Netzbezirk destabilisieren dieses.
- Leerlaufende Umrichter eines benachbarten Netzbezirks führen zur Destabilisierung.
- Die Regler Parameter der Umrichter eines Netzbezirks haben einen großen Einfluss auf die Stabilität des Netzbezirks. Eine unangemessene Parametrierung kann zu einem Stabilitätsproblem führen.
- Die Reglerparameter der Umrichter eines benachbarten Netzbezirks haben einen Einfluss auf die Systemstabilität des Netzbezirks, eine unangemessene Parametrierung kann zu einem Stabilitätsproblem führen.

Hiermit ist die Kernaussage, der Analyse der Systemstabilität in einem Umrichter dominierten Verteilernetz, um noch einmal die Kernforschungsfrage **F1** widerzuspiegeln, dass mit einer zunehmenden Anzahl angeschlossener Umrichter die Systemstabilität, vor allem in Hinsicht auf das Schwingungs- und Dämpfungsverhalten, abnimmt.

Entsprechend der Simulationsergebnisse stehen, mit Hinsicht auf die Verbesserung bzw. Gewährleistung der Systemstabilität, verschiedene Optionen zur Verfügung. Diese betreffen einerseits die Arbeitspunktwahl, dabei sollte der Leerlaufzustand des Wechselrichters möglicherweise vermieden werden. Ferner sind stabilisierende Maßnahmen zu treffen bei der Wahl des Netzbetriebsmittels, eben das mit einem höheren *R/X*-Verhältnis zu wählen, um so einen stabilisierenden Effekt zu erzeugen. Ansatzpunkte dabei sind der Leitungstyp, Transformatortyp und Filteransatz. Außerdem kann durch die reglungstechnische Anpassung der Parameter des Umrichters, eine bessere Systemstabilität gewährleistet werden. Dies führt zu Forschungsfrage F4:

F4 • *Wie kann der Wechselrichter eine positive Rolle in Bezug auf die Systemstabilität spielen?*

Zum einen wird in Abschnitt 4.1 eine Möglichkeit vorgestellt, durch Beeinflussung der lokalen Regelkreisdynamik des Umrichters, die Systemstabilität des von Umrichtern dominierten Verteilnetzes zu verbessern. Auf Basis der Erkenntnisse vorhergehender Analysen wurde daher ein zusätzliches Signal in die bestehende Umrichter-Struktur integriert, mit der ein neuartiger Freiheitsgrad zum Erreichen des gewünschten Systemverhaltes erreicht wird. Dafür wird bei diesem Ansatz, mit Hilfe eines spannungsabhängigen Stabilizers, ein arbeitspunktabhängiges Stabilisierungssignal zugeschaltet, sodass ein gewünschtes Dämpfungsverhalten, welches als zentrales Stabilitätskriterium in dieser Arbeit definiert wurde, gewährleistet wird. Die Ergebnisse der Simulation zeigen Stabilisierungseffekte sowohl im Intranetzbezirk als auch im Internetzbezirk. Abschnitt 4.2 zeigt, dass sich durch kaskadierte Regelungstrecken eine dynamische, und somit online-, Anpassung zur arbeitspunktabhängigen Regler Parametrierung, mit dem Ziel Globaloptimum in Hinblick auf die Systemstabilität, anbietet. Die Simulationsergebnisse zeigen sowohl durch das „Dynamic Controller Tuning“ (DRT) als auch den Stabilizer Dämpfungseffekte, die der Destabilisierung durch die wachsende Anzahl des Umrichters entgegenwirkt.

5.2 Ausblick

Die Ergebnisse dieser Arbeit decken nur einen Ausschnitt des Themenfeldes der Netzbetriebsführung von Umrichter-dominierten-Verteilernetzen ab. Diese Arbeit hat sich mit der Identifikation und Analyse von Intra- und Internetzbezirkswechselwirkungen in einem Umrichter dominierten Verteilernetz befasst und basierend auf diesen eine Stabilisierungsmethode erarbeitet. Darüber hinaus bieten die Ergebnisse Anknüpfungspunkte für weiterführende Untersuchungen:

A1 Die Modellierung des Umrichters sowie Umrichter-dominierter Verteilernetze erfolgt auf der Funktionsebene (siehe Abb. 2.13). Dabei finden Phänomene wie Schaltdynamik oder Oberschwingungen (OS) keine Berücksichtigung bei der Modellierung. Ihr Einfluss auf die Stabilität kann durch die Erweiterung der Modellierung des Umrichters auf ein Schaltmodell ermöglicht werden.

A2 Darüber hinaus kann der zeitliche Verlauf des OS-Spektrums dazu dienen, die Zustandsschätzung zu unterstützen, wodurch eine bessere Beobachtbarkeit für die Stabilisierungsmaßnahme vorbereitet wird. Das Erkennen des Zustands kann in weiterführenden Untersuchungen durch ein auf künstlicher Intelligenz (KI) basiertem Verfahren unterstützt werden. Dabei ist zu beachten, dass das zu verwendende Modell sowie der Umfang und die Abtastzeit des "Trainingsprozesses" der KI prozessspezifisch festzulegen sind.

A3 Im realen Netzwerk sind Schutzgeräte von vordefinierten Schwellenwert abhängig. Aufgrund der Auslösecharakteristik kann das Schutzsystem eine große Nichtlinearität aufweisen, deren Einfluss in einer zukünftigen Arbeit Berücksichtigung finden kann. Die Modellierung des Umrichters erfolgt entsprechend den Ergebnissen der Literaturrecherche. Das dynamische Verhalten einer Vielzahl von Umrichtern im realen Verteilernetz sollte durch Messungen validiert werden.

A4 In zukünftigen Versorgungsnetzen spielt der Aspekt der Sektorkopplung eine immer größere Rolle. Dabei werden weitere Zustandsgrößen in das zu betrachtende System eingeführt, entweder durch die Schnittstelle zwischen den Sektoren selbst oder mögliche überlagerte Regler. Diese können bspw. neue Resonanzstellen im System bilden und somit zur Destabilisierung des Gesamtsystems führen. Bei der Parametrierung des Stabilizers sollen diese Faktoren mitbetrachtet werden.

A5 Die Arbeitsweise des Stabilizers ist in künftigen Arbeiten bei realen Anwendungen zu validieren. Hierfür bieten sich vornämlich Simulationsebenen mit einem höheren Detaillierungsgrad an. Dabei sind auch frequenzabhängige Effekte mit einzubeziehen. Für die Umsetzung des „Dynamischen Regler Tunings“ (siehe Abschnitt 4.2) spielt die „Echtzeitkalkulation“ eine kritische Rolle. Die Reglerparameter des Umrichters sowie die des Stabiliziers müssen ständig an den aktuellen Arbeitspunkt angepasst werden. Für die wachsende Dimension des Simulators, z. B. bedingt durch die in A5 erwähnte Sektorkopplung, sollen weitere Netzreduktionsverfahren entwickelt werden, um die Echtzeitfähigkeit der Simulation zu gewährleisten.

A6 Eine Vielzahl dezentraler Erzeugungseinheiten ermöglichen es, lokale Verteilernetze als Inselnetze zu betreiben. Im Vergleich zum Normalbetrieb des Wechselrichters, bei dem Wirk- und Blindleistung vorgegeben werden, ist beim Inselbetrieb die Frequenz und Spannungsamplitude fixiert. Die Differentialgleichungen sowie die Regelungsstruktur müssen dementsprechend geändert werden.

A7 Verglichen mit dem heutigen Verbundsystem müssen Inselnetze mit weitaus weniger Schwungmasse auskommen, aufgrund der geringeren Größe und dem hohen Anteil dezentraler Erzeugungsanlagen, die über Umrichter an das Netz angeschlossen sind. Die zukünftige Forschung muss das in dieser Arbeit entwickelte Konzept anpassen und die Ergebnisse unter neuen Bedingungen validieren.

6 Literaturverzeichnis

[1] O. Donner and S. Brühl, *Status Quo und Potenzialanalyse von Speichertechnologien, Energieinfrastrukturen und Lastmanagement für Unternehmen in der Metropolregion Hamburg.* Hamburg: Erneuerbare Energien Hamburg Clusteragentur GmbH, 2015.

[2] Bundesregierung, "Energiekonzept für eine umweltschonende, zuverlässige und bezahlbare Energieversorgung," Sep. 2010.

[3] Bundesministerium für Umwelt, Naturschutz und Reaktorsicherheit, "Programm zur Marktaktivierung für Elektrofahrzeuge - 100.000 Stück bis Ende 2014," Berlin, Jun. 2009, [Online]. Available: http://www.bmub.bund.de/fileadmin/bmu-import/files/pdfs/allgemein/application/pdf/marktaktivierung_elektroauto_hintergrund_bf.pdf (2016, Sep. 30).

[4] Dreyer & Bosse, *Planungsunterlage Blockheizkraftwerk BHKW.* Available: http://www.wolf-heiztechnik.de/fileadmin/content/Downloads/Planungsunterlagen/4800812_201402_BHKW_D_B_Planungsunterlage.pdf (2016, May. 18).

[5] BDEW, *Erneuerbare Energien und das EEG: Zahlen, Fakten, Grafiken (2016): Foliensatz zur BDEW-Energie-Info.* Available: https://www.bdew.de/internet.nsf/res/FDFDE1F303A781EBC1257F61005AA43C/$file/160218_Foliensatz%20Energie-Info_Erneuerbare%20Energien%20und%20das%20EEG_2016_final.pdf.

[6] "Netzentwicklungsplan Strom 2025, Version 2015: Zweiterer Entwurf der Übertragungsnetzbetreiber," Feb. 2016, [Online]. Available: http://www.netzentwicklungsplan.de/_NEP_file_transfer/NEP_2025_2_Entwurf_Teil1.pdf (2016, Sep. 09).

[7] M. Kaltschmitt, A. Wiese and W. Streicher, *Erneuerbare Energien.* Berlin: Springer-Verlag Heidelberg Berlin New York, 2003.

[8] "Aktive Verteilnetze- Forschungsforum 1/2013," Bundesministerium für Verkehr Innovation und Technologie, [Online]. Available: http://www.smartgridssalzburg.at/fileadmin/ user_upload/downloads/Nachhaltig_wirtschaften_konkret_Forschungsforum_1-2013.pdf.

[9] Bundesnetzagentur, *Liste der Kraftwerksstilllegungsanzeigen.* Available: http://www.bundesnetzagentur.de/DE/Sachgebiete/ElektrizitaetundGas/Unternehmen_Institutionen/Versorgungs-sicherheit/Erzeugungskapazitaeten/KWSAL/KWSAL_node.html.

[10] *dena-Verteilnetzstudie: Ausbau- und Innovationsbedarf der Stromverteilnetze in Deutschland bis 2030.* Endbericht: Zentral- und Landesbibliothek Berlin; ZLB. Senatsbibliothek, 2012.

[11] J. Bertsch, M. Bettzüge, C. Growitsch and H. Hecking, et al, *Trendstudie Strom 2022: Belastungstest für die Energiewende.* Endbericht, 2013.

[12] V. Crastan, *Energie- und Elektrizitätswirtschaft, Kraftwerktechnik, alternative Stromerzeugung, Dynamik, Regelung und Stabilität, Betriebsplanung und -führung,* 2nd ed. Berlin: Springer, 2009. Available: http://deposit.d-nb.de/cgi-bin/dokserv?id=3127563&prov=M&dok_var=1&dok_ext=htm.

[13] B. Burger, *Stromerzeugung in Deutschland im Jahr 2017.* Available: https://www.ise.fraunhofer.de/content/dam/ise/de/documents/publications/studies/daten-zu-erneuerbaren-energien/Stromerzeugung_2017.pdf.

[14] *Technische Richtlinie - Erzeugungsanlagen am Mittelspannungsnetz*, 2008.

[15] *Verordnung zu Systemdiestleistungen durch Windenergieanlagen: SDLWindV*, 2009. Available: https://www.clearingstelle-eeg.de/files/SDLWindV_juris_150206.pdf.

[16] EnergyMap.info, *EEG-Anlagenregister: Deutschland Stand November 2014.* Available: http://www.energymap.info/download.html (2016, Aug. 09).

[17] H. Wirth, *Aktuelle Fakten zur Photovoltaik in Deutschland.* Available: https://www.ise.fraunhofer.de/content/dam/ise/de/documents/publications/studies/aktuelle-fakten-zur-photovoltaik-in-deutschland.pdf.

[18] "dena-Netzstudie II: Integration erneuerbarer Energien in die deutsche Stromversorgung im Zeitraum 2015-2020 mit Ausblick 2025," Endbericht, Berlin, Nov. 2010.

[19] Bundesregierung, "Nationaler Entwicklungsplan Elektromobilität der Bundesregierung," Aug. 2009.

[20] *2012 IEEE 13th Workshop on Control and Modeling for Power Electronics (COMPEL).*

[21] T. Ise, "Power electronics toward the era of distributed generations," in *2012 IEEE 13th Workshop on Control and Modeling for Power Electronics (COMPEL)*

[22] A. A. A. Radwan and Y. A.-R. I. Mohamed, "Analysis and Active-Impedance-Based Stabilization of Voltage-Source-Rectifier Loads in Grid-Connected and Isolated Microgrid Applications," *IEEE Trans. Sustain. Energy*, vol. 4, no. 3, pp. 563–576, 2013.

[23] B. K. Bose, "Global Energy Scenario and Impact of Power Electronics in 21st Century," *IEEE Trans. Ind. Electron,* vol. 60, no. 7, pp. 2638–2651, 2013.

[24] D. P. Kothari and I. J. Nagrath, *Power system engineering,* 2nd ed. New Delhi [u.a.]: Tata McGraw-Hill, 2009.

[25] A. J. Schwab, *Elektroenergiesysteme: Erzeugung, Übertragung und Verteilung elektrischer Energie ; eine Einführung,* 4th ed. Berlin: Springer Vieweg, 2015.

[26] K. Heuck, K.-D. Dettmann and D. Schulz, *Elektrische Energieversorgung: Erzeugung, Übertragung und Verteilung elektrischer Energie für Studium und Praxis,* 7th ed. Wiesbaden: Friedr. Vieweg & Sohn Verlag | GWV Fachverlage GmbH Wiesbaden, 2007. Available: http://dx.doi.org/10.1007/978-3-8348-9405-2.

[27] O. V. Kulkarni, S. Doolla and B. G. Fernandes, "Simple Controller Configuration for Decentralized Parallel Operation of Inverters," *IEEE Trans. Power Electron,* p. 1, 2018.

[28] B. Wen, D. Dong, D. Boroyevich and R. Burgos, et al, "Impedance-Based Analysis of Grid-Synchronization Stability for Three-Phase Paralleled Converters," *IEEE Trans. Power Electron,* vol. 31, no. 1, pp. 26–38, 2016.

[29] C. Yoon, H. Bai, R. N. Beres and X. Wang, et al, "Harmonic Stability Assessment for Multiparalleled, Grid-Connected Inverters," *IEEE Trans. Sustain. Energy*, vol. 7, no. 4, pp. 1388–1397, 2016.

[30] A. Navarro-Rodriguez, P. Garcia, J. M. Cano and M. Sumner, "Limits, stability and disturbance rejection analysis of voltage control loop strategies for grid forming converters in DC and AC microgrids with high penetration of constant power loads," in *2017 19th European Conference on Power Electronics and Applications (EPE'17 ECCE Europe): 11-14 Sept. 2017*, Piscataway, NJ: IEEE, 2017.

[31] F. Andren, B. Bletterie, S. Kadam, P. Kotsampopoulos and C. Bucher, "On the Stability of Local Voltage Control in Distribution Networks With a High Penetration of Inverter-Based Generation," *IEEE Trans. Ind. Electron,* vol. 62, no. 4, pp. 2519–2529, 2015.

[32] M. Michel, *Leistungselektronik: Einführung in Schaltungen und deren Verhalten,* 5th ed. Berlin: Springer, 2011. Available: http://gbv.eblib.com/patron/FullRecord.aspx?p=667019.

[33] V. Crastan, *Elektrische Energieversorgung 1: Netzelemente, Modellierung, stationäres Verhalten, Bemessung, Schalt- und Schutztechnik,* 4th ed. Berlin/Heidelberg: Springer, 2015. Available: http://gbv.eblib.com/patron/FullRecord.aspx?p=3568209.

[34] J. Specovius, *Grundkurs Leistungselektronik: Bauelemente, Schaltungen und Systeme,* 4th ed. Wiesbaden: Vieweg+Teubner Verlag / GWV Fachverlage GmbH Wiesbaden, 2010. Available: http://dx.doi.org/10.1007/978-3-8348-9712-1.

[35] V. J. Thottuvelil, D. Chin and G. C. Verghese, "Hierarchical approaches to modeling high-power-factor AC-DC converters," *IEEE Trans. Power Electron,* vol. 6, no. 2, pp. 179–187, 1991.

[36] D. Schröder, *Leistungselektronische Schaltungen: Funktion, Auslegung und Anwendung,* 3rd ed. Berlin, Heidelberg: Springer, 2012. Available: http://dx.doi.org/10.1007/978-3-642-30104-9.

[37] F. Jenni and D. Wüest, *Steuerverfahren für selbstgeführte Stromrichter*. Zürich: Vdf-Hochschulverl. an der ETH Zürich, 1995.

[38] M. Pfriem, "Analyse der Realnutzung von Elektrofahrzeugen in kommerziellen Flotten zur Definition einer bedarfsgerechten Fahrzeugauslegung," 2016.

[39] H. Watter, *Regenerative Energiesysteme: Grundlagen, Systemtechnik und Analysen ausgeführter Beispiele nachhaltiger Energiesysteme,* 4th ed. Wiesbaden: Springer Vieweg, 2015.

[40] International Renewable Energy Agency (IRENA), "The Power to Change: Solar and Wind Cost Reduction Potential to 2025," Jun. 2016, [Online]. Available: http://www.irena.org/publications/2016/Jun/The-Power-to-Change-Solar-and-Wind-Cost-Reduction-Potential-to-2025 (März.2018).

[41] R. Gasch, J. Twele, P. Bade and W. Conrad, et al, *Windkraftanlagen: Grundlagen, Entwurf, Planung und Betrieb,* 4th ed. Wiesbaden, s.l.: Vieweg+Teubner Verlag, 2005. Available: http://dx.doi.org/10.1007/978-3-322-99446-2.

[42] G. Müller and B. Ponick, *Grundlagen elektrischer Maschinen,* 10th ed. Hoboken: Wiley, 2014. Available: http://onlinelibrary.wiley.com/book/10.1002/9783527676095.

[43] D. Oeding and B. R. Oswald, *Elektrische Kraftwerke und Netze,* 7th ed. s.l.: Springer-Verlag, 2011. Available: http://site.ebrary.com/lib/alltitles/docDetail.action?docID=10494356.

[44] European wind energy association, *Green growth: The impact of wind energy on jobs and the economy : a report*. Bruxelles: EWEA, 2012.

[45] E. Hau, *Windkraftanlagen: Grundlagen, Technik, Einsatz, Wirtschaftlichkeit,* 5th ed. Berlin: Springer Vieweg, 2014. Available: http://dx.doi.org/10.1007/978-3-642-28877-7.

[46] F. Milano, *Power System Modelling and Scripting*. Berlin, Heidelberg: Springer-Verlag Berlin Heidelberg, 2010. Available: http://dx.doi.org/10.1007/978-3-642-13669-6.

[47] J. Giesecke and E. Mosonyi, *Wasserkraftanlagen,* 5th ed. Stuttgart: Springer-Verlag Heidelberg Berlin, 2009.

[48] T. Demiray, "Simulation of Power System Dynamics using Dynamic Phasor Models," 2008.

[49] P. Kundur, N. J. Balu and M. G. Lauby, *Power system stability and control*. New York: McGraw-Hill, 1994.

[50] S. V. Bozhko, T. Wu, C. I. Hill and G. M. Asher, "Accelerated simulation of complex aircraft electrical power system under normal and faulty operational scenarios," in *IECON 2010 - 36th Annual Conference on IEEE Industrial Electronics Society*: IEEE, 2010.

[51] N. Mohan, W. P. Robbins, T. M. Undeland and R. Nilssen, "Simulation of power electronic and motion control systems-an overview," *Proc. IEEE*, vol. 82, no. 8, pp. 1287–1302, 1994.

[52] T. Yang, "Development of dynamic phasors for the modelling of aircraft electrical power systems," Ph.D. dissertation, University of Nottingham, 2013.

[53] Working Group B4. 57, "Guide for the Develpment of Models for HVDC Converters in a HVDC Grid," in *CIGRE*

[54] P. W. Sauer and M. A. Pai, *Power system dynamics and stability*. Champaign, IL.: Stipes Publishing L.L.C, 2006.

[55] S. Almér and U. T. Jönsson, "Dynamic Phasor Analysis of Pulse-Modulated Systems," *SIAM J. Control Optim,* vol. 50, no. 3, pp. 1110–1138, 2012.

[56] S. R. Sanders, J. M. Noworolski, X. Z. Liu and G. C. Verghese, "Generalized averaging method for power conversion circuits," in *21st Annual IEEE Conference on Power Electronics Specialists*: IEEE, 1990.

[57] R. Jäger and E. Stein, *Leistungselektronik: Grundlagen und Anwendungen,* 6th ed. Berlin: VDE-Verl, 2011.

[58] T. Ellinger, "Entwicklung eine hybriden Kompensatorkonzeptes für einen Drehstromlichtbogenofen," Ph. D. dissertation, Leistungselektronik und Steuerungen in der Elektroenergietechnik, TU-Ilmenau, 2003.

[59] X. Mao and R. Ayyanar, "Average and Phasor Models of Single Phase PV Generators for Analysis and Simulation of Large Power Distribution Systems," in *2009 Twenty-Fourth Annual IEEE Applied Power Electronics Conference and Exposition*: IEEE, 2009.

[60] B. R. Oswald, *Berechnung von Drehstromnetzen: Berechnung stationärer und nichtstationärer Vorgänge mit Symmetrischen Komponenten und Raumzeigern,* 1st ed. Wiesbaden: Vieweg+Teubner Verlag / GWV Fachverlage GmbH Wiesbaden, 2009. Available: http://dx.doi.org/10.1007/978-3-8348-9259-1.

[61] J. Sun, "Unified averaged switch models for stability analysis of large distributed power systems," in *APEC 2000. Fifteenth Annual IEEE Applied Power Electronics Conference and Exposition (Cat. No.00CH37058)*: IEEE, 2000.

[62] B. Lehman and R. M. Bass, "Switching frequency dependent averaged models for PWM DC-DC converters," *IEEE Trans. Power Electron,* vol. 11, no. 1, pp. 89–98, 1996.

[63] Y. Ma, "Einsatz eines Hochspannungs-Gleichstrom-Übertragung-Systems zum netzstabilisieren-den Anschluss von Offshore-Windparks an das Elektroenergiesystem," Ph.D. dissertation, Fachgebiet: Leistungselektronik und Steuerungen in der Elektroenergietechnik, TU-Ilmenau, Ilmenau, 2013.

[64] X. Lu, K. S. L. Huang and M. L. F. Blaabjerg, "An active damping method based on biquad digital filter for parallel grid-interfacing inverters with LCL filters," in *APEC 2014: Twenty-ninth Annual IEEE Applied Power Electronics Conference and Exposition : March 16-20, 2014, Fort Worth Convention Center, Fort Worth, Texas*, Piscataway, NJ: IEEE, 2014.

[65] J. Elizondo and J. L. Kirtley, "Effect of inverter-based DG penetration and control in hybrid microgrid dynamics and stability," in *2014 Power and Energy Conference at Illinois (PECI): Feb. 28, 2014 - March 1, 2014, Champaign, IL*, Piscataway, NJ: IEEE, 2014.

[66] S. Chiniforoosh, J. Jatskevich, A. Yazdani and V. Sood, et al, "Definitions and Applications of Dynamic Average Models for Analysis of Power Systems," *IEEE Trans. Power Delivery*, vol. 25, no. 4, pp. 2655–2669, 2010.

[67] S. Harsha, "Regelverfahren zur Realisierung dezentraler Drehstromnetze für 3 Leitersysteme mittels parallelgeschalteter Spannungswechselrichter," Ph.D. dissertation, Fachgebiet: Leistungselektronik und Steuerungen in der Elektroenergietechnik, TU-Ilmenau, Ilmenau, 2013.

[68] V. Venkatasubramanian, H. Schattler and J. Zaborszky, "Fast time-varying phasor analysis in the balanced three-phase large electric power system," *IEEE Trans. Automat. Contr,* vol. 40, no. 11, pp. 1975–1982, 1995.

[69] A. M. Stankovic, P. Mattavelli, V. Caliskan and G. C. Verghese, "Modeling and analysis of FACTS devices with dynamic phasors," in *2000 IEEE Power Engineering Society Winter Meeting. Conference Proceedings (Cat. No.00CH37077)*: IEEE, 2000.

[70] A. M. Stankovic, S. R. Sanders and T. Aydin, "Dynamic phasors in modeling and analysis of unbalanced polyphase AC machines," *IEEE Trans. On Energy Conversion*, vol. 17, no. 1, pp. 107–113, 2002.

[71] P. C. Stefanov and A. M. Stankovic, "Modeling of UPFC operation under unbalanced conditions with dynamic phasors," *IEEE Trans. Power Syst,* vol. 17, no. 2, pp. 395–403, 2002.

[72] A. Riccobono, A. Angioni and M. Hormigos, "IDE4L Deliverable 3.1: Distribution Automation Concept," [Online]. Available: http://webhotel2.tut.fi/units/set/ide4l/D3.1_Final.pdf (2016, Aug. 30).

[73] "Definition and Classification of Power System Stability IEEE/CIGRE Joint Task Force on Stability Terms and Definitions," *IEEE Trans. Power Syst,* vol. 19, no. 3, pp. 1387–1401, 2004.

[74] J. A. Momoh, M. Elfayoumy, B. Mittelstadt and Y. V. Makarov, "Probabilistic angle stability index," in *1999 IEEE Power Engineering Society Summer Meeting*, Piscataway: I E E E, Aug. 1999.

[75] S. Massucco, S. Grillo, A. Pitto and F. Silvestro, "Evaluation of some indices for voltage stability assessment," in *IEEE Bucharest PowerTech, 2009: June 28, 2009 - July 2, 2009, Bucharest, Romania*, Piscataway, NJ: IEEE, 2009.

[76] N. S. Nise, *Control systems engineering,* 4th ed. [Hoboken, NJ]: Wiley, 2004.

[77] J. Lunze, *Regelungstechnik 1*. Berlin, Heidelberg: Springer Berlin Heidelberg, 2014.

[78] L. Harnefors, "Modeling of Three-Phase Dynamic Systems Using Complex Transfer Functions and Transfer Matrices," *IEEE Trans. Ind. Electron,* vol. 54, no. 4, pp. 2239–2248, 2007.

[79] *Mitteilung der Kommission an das Europäische Parlament, den Rat, den Europäischen Wirtschafts- und Sozialausschuss und den Ausschuss der Regionen*. Brüssel. Available: https://www.vdtuev.de/dok_view?oid=464177.

[80] *Gesetz für den Ausbau erneuerbarer Energien (ErneuerbareEnergien-Gesetz - EEG 2017).* Available: https://www.gesetze-im-internet.de/eeg_2014/EEG_2017.pdf.

[81] J. Schiffer, R. Ortega, C. A. Hans and J. Raisch, "Droop-controlled inverter-based microgrids are robust to clock drifts," in *American Control Conference (ACC), 2015: 1 - 3 July 2015, Chicago, IL, USA*, Piscataway, NJ: IEEE, 2015.

[82] M. Calabria and W. Schumacher, "Stability optimization for distributed generation of load-following energy," in *IEEE International Energy Conference (ENERGYCON), 2014: 13 - 16 May 2014, Dubrovnik, Croatia*, Piscataway, NJ: IEEE, 2014.

[83] J. Kirtley, H. H. Zeineldin and A. H. K. Alaboudy, "Simple control strategy for inverter-based distributed generator to enhance microgrid stability in the presence of induction motor loads," *IET Generation, Transmission & Distribution*, vol. 7, no. 10, pp. 1155–1162, 2013.

[84] W. R. Issa, M. A. Abusara and S. M. Sharkh, "Control of Transient Power During Unintentional Islanding of Microgrids," *IEEE Trans. Power Electron,* vol. 30, no. 8, pp. 4573–4584, 2015.

[85] S. G. Parker, B. P. McGrath and D. G. Holmes, “Regions of Active Damping Control for LCL Filters,” *IEEE Transactions on Industry Applications*, vol. 50, no. 1, pp. 424–432, 2014.

[86] G. Putrus, J. Wijayakulasooriya, and P. Minns, Eds, *Power quality: Overview and monitoring*: IEEE, 2007.

[87] X. Chen and J. Sun, “Characterization of inverter-grid interactions using a hardware-in-the-loop system test-bed,” in *2011 IEEE 8th International Conference on Power Electronics and ECCE Asia*, [Place of publication not identified]: IEEE, 2011.

[88] L. P. Kunjumuhammed, B. C. Pal and N. F. Thornhill, “A test system model for stability studies of UK power grid,” in *2013 IEEE Grenoble Conference*: IEEE, 2013.

[89] M. Li, N. Zeng, Y. Zeng and S. Zhao, et al, “Dynamic stability analysis of the interconnected power system with Mengxi UHVDC integration,” in *Proceedings of the 5th IEEE International Conference on Electric Utility Deregulation, Restructuring and Power Technologies (DRPT2015): Nov. 26-29, 2015, Changsha, China*, Piscataway, NJ: IEEE, 2015.

[90] K. V. R. Reddy and N. R. Babu, “Enhancement of power system performance with SVC-DFIG in 140 — bus system,” in *2017 Innovations in Power and Advanced Computing Technologies (i-PACT): 21-22 April 2017*, Piscataway, NJ: IEEE, 2017.

[91] E. Spahic, D. Varma, G. Beck, G. Kuhn and V. Hild, “Impact of reduced system inertia on stable power system operation and an overview of possible solutions,” in *2016 IEEE Power and Energy Society General Meeting (PESGM): 17-21 July 2016*, Piscataway, NJ: IEEE, 2016.

[92] M. A. Chowdhury, N. Hosseinzadeh, H. R. Pota and W. Shen, “Transient stability of power system integrated with doubly fed induction generator wind farms,” *IET Renewable Power Generation*, vol. 9, no. 2, pp. 184–194, 2015.

[93] M. Kraiczy, M. Braun, T. Stetz, J. Brantl and S. Schmidt, *Untersuchung der Wechselwirkungen zwischen der lokalen Spannungsregelung des Umspannwerks-Transformators und der lokalen Blindleistungsregelung dezentraler Erzeugungsanlagen im Verteilungsnetz*, 2013.

[94] M. Huang, F. Blaabjerg, P. C. Loh and W. Wu, “Stability analysis and active damping for LLCL-filter based grid-connected inverters,” in *The 2014 International Power Electronics Conference - ECCE ASIA - IPEC-Hiroshima 2014: Power Electronics for Peaceful World : May 18th-21st, 2014, International Conference Center Hiroshima*, [Piscataway, N.J.]: IEEE, 2014.

[95] Y. A.-R. I. Mohamed, “Mitigation of Dynamic, Unbalanced, and Harmonic Voltage Disturbances Using Grid-Connected Inverters With LCL Filter,” *IEEE Trans. Ind. Electron,* vol. 58, no. 9, pp. 3914–3924, 2011.

[96] A. M. Bollman, *An experimental study of frequency droop control in a low-inertia microgrid*, 2018.

[97] *Europäische Union, RE-SERVE: Renewables in a Stable Electric Grid.* Available: https://cordis.europa.eu/project/rcn/205820_en.html. (2018, Feb. 27).

[98] J. Schlabbach, *Netzgekoppelte Photovoltaikanlagen,* 2nd ed. Frankfurt am Main: VDE-Verl.; EW Medien und Kongresse, 2011.

[99] B. Dumnic, B. Popadic, D. Milicevic, V. Katic, Z. Corba, “Influence of modulation technique on power quality issues for grid connected converter,” *International Conference on Electical Drives and Power Electronics*, pp. 252–258, 2015.

[100] R. Teodorescu, M. Liserre, P. Rodriguez, *Grid converters for photovoltaic and wind power systems*. Chichester: Wiley, 2011.

[101] P. H. J. Enslin, "Harmonic Interaction Between a Large Number of Distributed Power Inverters and the Distribution Network," *IEEE Trans. Power Electron,* no. 19-6, pp. 1586–1593, 2004.

[102] J. Sun, "Impedance-Based Stability Criterion for Grid-Connected Inverters," *IEEE Trans. Power Electron,* no. 26-11, pp. 3075–3078, 2011.

[103] S. A. S. Islam, "Eigenvalue sensitivity analysis of microgrid with constant power loads," *IEEE International Conference on Power Electronics, Drives and Energy Systems*, pp. 1–6, 2014.

[104] M. Baharizadeh, H. R. Karshenas, J. M. Guerrero, "Control strategy of interlinking converters as the key segment of hybrid AC-DC microgrids," *IET Generation, Transmission & Distribution*, no. 10-7, pp. 1671–1681, 2016.

[105] F. Andren, B. Bletterie, S. Kadam, P. Kotsampopoulos, C. Bucher, "On the Stability of Local Voltage Control in Distribution Networks With a High Penetration of Inverter-Based Generation," *IEEE Trans. Ind. Electron,* no. 62-4, pp. 2519–2529, 2015.

[106] J. G. Slootweg, W. L. Kling, "Impacts of distributed generation on power system transient stability," *IEEE PES Summer Meeting*, pp. 862–867, 2002.

[107] J. C. Boemer, M. Gibescu, W. L. Kling, "Dynamic models for transient stability analysis of transmission and distribuion systems with distributed generation: An overview," *IEEE Bucharest PowerTech*, pp. 1–8, 2009.

[108] I. Xyngi, A. Ishchenko, M. Popov, L. van der Sluis, "Transient Stability Analysis of a Distribution Network With Distributed Generators," *IEEE Trans. Power Syst,* no. 24-2, pp. 1102–1104, 2009.

[109] C. A. Plet, M. Graovac, T. C. Green, R. Iravani, "Fault response of grid-conneted inverter dominated networks," *Energy Society General Meeting*, pp. 1–8.

[110] A. Kahrobaeian, Y. A.-R. I. Mohamed, "Analysis and Mitigation of Low-Frequency Instabilities in Autonomous Medium-Voltage Converter-Based Mircogrids With Dynamic Loads," *IEEE Trans. Ind. Electron,* no. 61-4, pp. 1643–1658, 2014.

[111] X. Guo et al, "Dynamic Phasors-Based Modeling and Stability Analysis of Droop-Controlled Inverters for Microgrid Applications," *IEEE Trans. Smart Grid*, no. 5-6, pp. 2980–2987, 2014.

[112] X. Wang, P. C. Loh, F. Blaabjerg, "Stability analysis and controller synthesis for digital single-loop voltage-controlled inverters," *IEEE Applied Power Electronics Conference and Exposition*, pp. 2011–2018, 2016.

[113] Z. Zhao et al, "Dynamic stability analysis of autonomous medium-voltage mixed-source microgrid," *IECON 2015 - 41st Annual Conference of the IEEE Industrial Electronics Society*, pp. 1801–1806, 2015.

[114] T. A. Papadopoulos et al, "Dynamic performance of a low voltage microgrid with droop controlled distributed generation," *IEEE Power and Energy Society General Meeting*, pp. 1–5, 2013.

[115] Y. Yu, H. Li, Z. Li, "Impedance modeling and stability analysis of LCL-type grid-connected inverters with different current sampling schemes," *IEEE 8th International Power Electronics and Motion Control Conference*, pp. 974–987, 2016.

[116] Y. Yan, X. Yuan, J. Hu, "Interaction analysis of multi VSCs integrated into weak grid in current control time-scale," *IEEE Power and Energy Society General Meeting*, pp. 1–6, 2016.

[117] W. Cao, X. Zhang, Y. Ma, F. Wang, "Stability criterion and controller parameter design of radial line renewable systems with multiple inverters," *IEEE Applied Power Electronics Conference and Exposition*, pp. 2229–2236, 2016.

[118] J. Chen, X. Ma, Y. Li, "Dynamic interaction analysis of tow parallel active power filter," *China International Conference on Electricity Distribution*, pp. 1–5, 2016.

[119] J. He, Y. W. Li, D. Bosnjak, B. Harris, "Investigation and Active Damping of Multiple Resonances in a Parallel-Inverter-Based Microgrid," *IEEE Trans. Power Eletron*, no. 28-1, pp. 234–246, 2013.

[120] X. Wang, F. Blaabjerg, W. Wu, "Modeling and Analysis of Harmonic Stability in an AC Power-Electronics-Bases Power System," *IEEE Trans. Power Electron,* no. 29-12, pp. 6421–6432, 2014.

[121] A. Massoud, L. Ben-Brahim, A. Hamid, B. W. Williams, D. Holliday, "Stability analysis of an active-damped LLCL filter-based grid-connected three-phase inverter," *26th International Conference on Microelectronics*, pp. 240–243, 2014.

[122] H. Bai, X. Wang, P. C. Loh, F. Blaabjerg, "Passivity enhancement of grid-tied converter by series LC-filtered active damper," *IEEE Energy Conversion Congress and Exposition*, pp. 5830–5837, 2015.

[123] C. Wan, M. Huang, C. K. Tse, X. Ruan, "Effects of Interaction of Power Converters Coupled via Power Grid: A Design-Oriented Study," *IEEE Trans. Power Electron,* no. 30-7, pp. 3589–3600, 2015.

[124] J. L. Agorreta, M. Borrega, J. López, L. Marroyo, "Modeling and control of N-paralleled grid-connetcted inverters with LCL filter coupled due to grid impedance in PV Plants," *IEEE Trans. Power Electron,* no. 26-3, pp. 770–785, 2011.

[125] J. A. Suul, S. D'Arco, P. Rodriguez, M. Molinas, "Impedance-compensated grid synchronisation for extending the stability range of weak grids with voltage source vonverters," *IET Generation, Transmission & Distribution*, no. 10-6, pp. 1315–1326, 2016.

[126] J. S. M. Cespedes, "Adaptive Control of Grid-Connected Inverters Based on Online Grid Impedance Measurements," *IEEE Trans. Sustain. Energy*, no. 5-2, pp. 516–523, 2014.

[127] X. Wu, X. Li, X. Yuan, Y. Geng, "Grid harmonics Suppression Scheme for LCL-Type Grid-Connected Inverters Based on Output Admittance Revision," *IEEE Trans. Sustain. Energy*, no. 6-2, pp. 411–421, 2015.

[128] A. Zamani and H. Shahalami, "Performance of a hybrid series filter in mitigating power quality problem of a grid-connected PV array interfaced with a line-commutated inverter," in *2014 22nd Iranian Conference on Electrical Engineering (ICEE)*: IEEE.

[129] *Verteilnetz 2020 Poster: Professur für elektrische Energieversorgungsnetze: Verbesserung der Aufnahmefähigkeit und Sicherung der Netzqualität von Verteilnetzen.* Available: http://forschung-stromnetze.info/fileadmin/user_upload/Projekte/Verteilnetz_2020/Verteilnetz2020_FKZ_0325691A.pdf. (28.Feb.2018).

[130] *Verteilnetz 2020 Homepage: Optimales Zusammenspiel im Verteilnetz* (2018, Feb. 27).

[131] *DC-Direkt: Höhere Effizienz und Verfügbarkeit dank Gleichspannungsnetzen.* Available: http://forschung-stromnetze.info/projekte/hoehere-effizienz-und-verfuegbarkeit-dank-gleichspannungsnetzen (2018, Feb. 27.).

[132] *DC-Direkt: Intelligente DC-Mittelspannungs-Verteilnetze zur direkten Anbindung von stromrichtergekoppelten Erzeugern und Lasten.* Available: http://forschung-stromnetze.info/fileadmin/user_upload/Projekte/DC-Direkt/DC-Direkt-FKZ-03EK3566A.pdf.

[133] *E.ON Energy Research Center, DC-Direkt.* Available: http://www.acs.eonerc.rwth-aachen.de/cms/E-ON-ERC-ACS/Forschung/Forschungsprojekte/Gruppe-Control-of-Special-Purpose-Grids/~lctf/DC-Direkt/ (2018, Feb. 27).

[134] *Verbundvorhaben: StabLe: Stabilität von Verteilnetzen mit vorwiegend leistungselektronisch angekoppelten Speichern, Erzeugungseinheiten und Verbrauchern; Teilvorhaben: Analytische und experimentelle Untersuchung von Stromrichteralgorithmen.* Available: https://www.enargus.de/pub/bscw.cgi/?op=enargus.eps2&v=10&q=Stable&id=26050170. (2018, Feb. 27).

[135] *Verbundvorhaben: StabLe: Stabilität von Verteilnetzen mit vorwiegend leistungselektronisch angekoppelten Speichern, Erzeugungseinheiten und Verbrauchern; Teilvorhaben: Algorithmen zur Netzstabilisierung.* Available: https://www.enargus.de/pub/bscw.cgi/?op=enargus.eps2&v=10&q=Stable&id=26050104. (2018, Feb. 27).

[136] *Europäische Union, Synchronverter Berichtzusammenfassung.* Available: https://cordis.europa.eu/result/rcn/186326_de.html. (2018, Feb. 27).

[137] *Arbeitsbereich Synchronverter:.* Available: http://synchronverter.eu/arbeitsbereich-synchronverter/ (2018, Feb. 27).

[138] *DCNextEve: LV DC microgrids for evolved energy communities.* Available: https://cordis.europa.eu/project/rcn/201632_en.html. (2018, Feb. 27).

[139] *DCNextEve: Project Objectives.* Available: https://www.openenergyprojects.ro/index.php/project-objectives. (2018, Feb. 27).

[140] *Elaadnl, Interflex.* Available: https://www.elaad.nl/projects/interflex/. (2018, Feb. 27).

[141] *Europäische Union, Interflex: Interactions between automated energy systems and Flexibilities brought by energy market players.* Available: https://cordis.europa.eu/project/rcn/207021_en.html. (2018, Feb. 27).

[142] *RWTH Aachen, RE-SERVE: Geschäftsmodellierung unter Berücksichtigung einer CSR Guideline.* Available: http://www.controlling.rwth-aachen.de/cms/Controlling/Forschung/Forschungsprojekte/Laufende-Projekte/~mfnp/Energiewende/. (2018, Feb. 27).

[143] *About.* Available: http://www.re-serve.eu/what.html. (2018, Feb. 27).

[144] *Europäische Union, DC Distribution Smart Grids.* Available: https://www.era-learn.eu/network-information/networks/era-net-smartgridplus/era-net-smart-grids-plus-joint-call-for-proposals/dc-distribution-smart-grids. (2018, Feb. 27).

[145] *DCSMART: DC Distribution Smart Grids.* Available: http://dcsmart.tudelft.nl/wp-content/uploads/2017/06/ERANetSmartGridsPlus_2015_DCSMART_FactSheet.pdf. (2018, Feb. 27).

[146] *Posters.* Available: unter: http://dcsmart.tudelft.nl/posters/. (2018, Feb. 27).

[147] *NREL, Virtual Oscillator Controls.* Available: https://www.nrel.gov/grid/virtual-oscillator-controls.html (2018, Feb. 27).

[148] Conseil international des grands réseaux électriques, *Benchmark systems for network integration of renewable and distributed energy resources*. Paris: CIGRÉ, 2014.

[149] IEEE PES Innovative Smart Grid Technologies Conference Europe, et al, *2017 IEEE PES Innovative Smart Grid Technologies Conference Europe (ISGT-Europe): Torino, Italy, 26-29 September 2017 : conference proceedings*. Piscataway, NJ: IEEE, 2017.

[150] M. H. Dhend and R. H. Chile, “Innovative scheme for smart grid distribution SCADA system,” in *2015 IEEE 2nd International Future Energy Electronics Conference (IFEEC): November 1-4, 2015*, Piscataway, NY, Taiwan: IEEE; National Taiwan University of Science and Technology, 2015.

[151] H. Lutz and W. Wendt, *Taschenbuch der Regelungstechnik: Mit MATLAB und Simulink,* 10th ed. Haan-Gruiten: Verl. Europa-Lehrmittel, 2014.

[152] J. Sun, “Impedance-Based Stability Criterion for Grid-Connected Inverters,” *IEEE Trans. Power Electron,* vol. 26, no. 11, pp. 3075–3078, 2011.

Anhang

Anhang A.1 Testnetz

Die Auswirkung durch die Nachbildung der HS und NS durch *U.Agg* und *Ü.Agg* auf die Stabilität ist anschließend zu untersuchen.

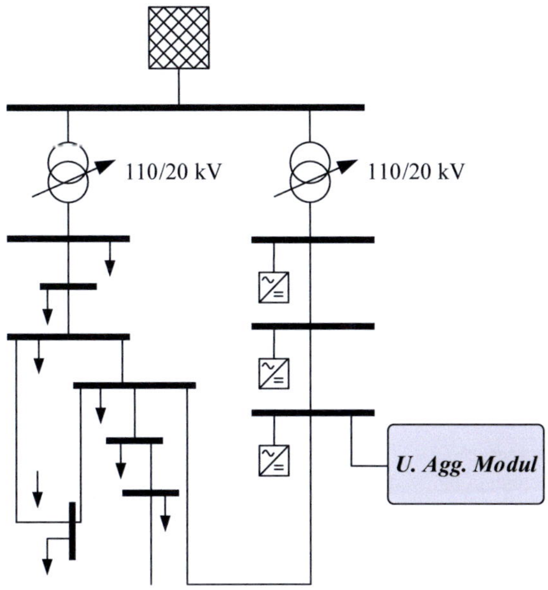

Abb. A 1: Testnetz R_INTRA_1

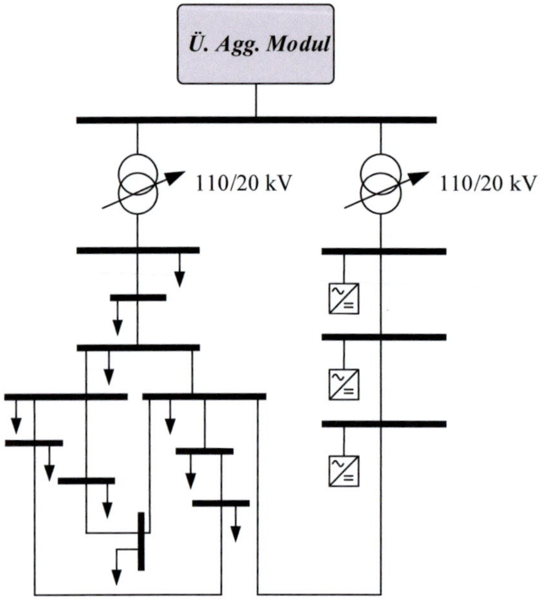

Abb. A 2: Testnetz R_INTRA_2

Die Stabilitätstests werden mittels Testnetz *R_INTRA_1* und *R_INTRA2* durchgeführt, die Auswirkung durch die Nachbildung der HS und NS auf der Stabilität ist anschließend zu untersuchen. Die Kleinsignalstabilitätsuntersuchung wird anhand des CIGRÉ Netz getestet [148], In Tab. A 1 ist das Testmodell aufgelistet. Abb. A 3 zeigt das Sprungantwort des B_MS und R_INTRA_1.

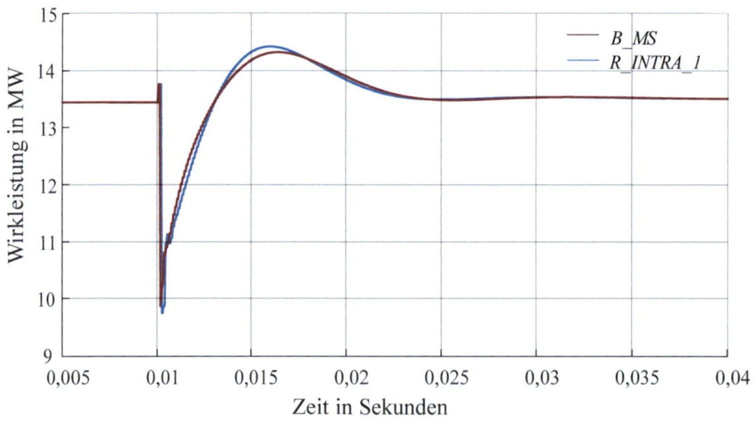

Abb. A 3: Der Zeitverlauf der Testmodell B_MS und der Testmodell R_INTRA2

Die Übertragungsfunktion wird gemäß dem zuvor beschriebenen Verfahren mit vier Polstellen geschätzt, bei der je zwei komplex konjungierte Polpaare vorliegen, wie in Tab. A 1 und Abb. A 4 gezeigt. Jedes Polpaar vom Testmodell *R_INTRA2* wurde auch beim Testmodell *B_MS* gewählt. Ein weiteres konjugiert komplexes Polpaar mit deutlich größerem negativem Realteil entfernt sich weiter von der imaginären Achse durch den Einfluss des Hochspannungsnetzes. Das dominante Polpaar ist zur Beurteilung des dynamischen Verhaltens und der Systemstabilität wesentlich. Da sich das dominante Polpaar in Richtung der imaginären Achse bewegt, wird das System, das das Hochspannungsnetz verbindet, Träger. Die Stabilität ist noch nicht gefährdet.

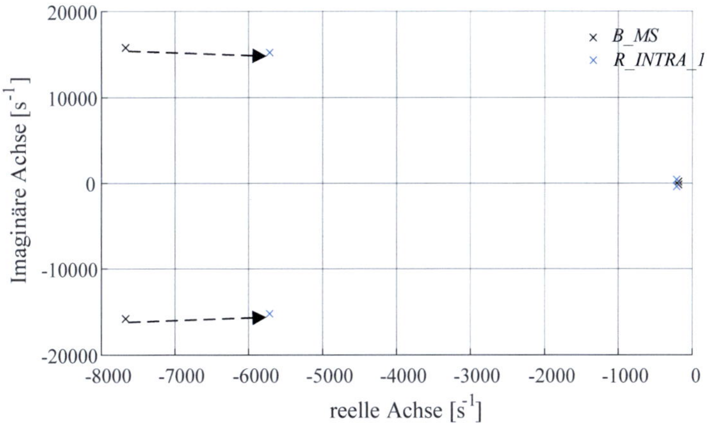

Abb. A 4: Pol Null (PN)-Diagramme der Testmodell B_MS und der Testmodell R_INTRA1

Tab. A 1: Systemeigenschaften Testmodell B_MS und Testmodell R_INTRA2

	Testmodell *B_MS*	R_INTRA2
Realteil	-210	-189
Imaginärteil	396	135
Dämpfungsgrad ζ	0,47	0,82
Schwingungsfrequenz in Hz	63,03	21,49
Überschwingung in %	18,90%	1,23
Zeitkonstante in Sekund	0,0048	0,0053
Einschwingzeit in Sekund	0,0186	0,0207

Die Auswirkung des Niederspannungsnetzes kann durch einen Vergleich des Testmodell *B_MS* mit dem Testmodell *R_INTRA1* gezeigt werden. Da das Niederspannungsnetz relativ wenig Wirkleistung und Blindleistung besitzt, im Gegensatz zum Gesamtsystem, sind die zeitlichen Verläufe von z. B. Sprungantworten ohne erkennbare Unterschiede. Diese werden aber im PN Diagramm deutlich, siehe Abb. A 5.

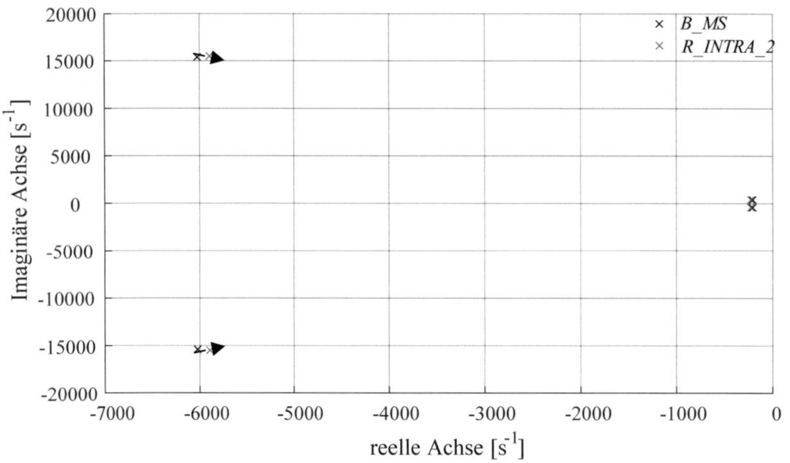

Abb. A 5: PN-Diagramm mit und ohne Niederspannungsnetz

Das dominante Polpaar vom Testmodell *R_INTRA2* hat sich im Vergleich zum alleinigen Mittelspannungsnetz in Richtung der imaginären Achse bei fast gleichbleibendem Imaginärteil bewegt. Die Berücksichtigung des Niederspannungsnetzes ergibt somit ein trägeres Verhalten des Gesamtsystems. Die Stabilität ist auch hier noch nicht gefährdet. Die Eigenschaften sind in Tabelle A 2 gezeigt.

Tab. A 2: Systemeigenschaften Testmodell B_MS und Testmodell R_INTRA2

	Testmodell *B_MS*	Testmodell *R_INTRA2*
Realteil	-221,9	-206,8
Imaginärteil	400,6	393,5
Dämpfungsgrad ζ	0,48	0,47
Schwingungsfrequenz in Hz	63,75	62,63
Überschwingung in %	17,55%	19,19%
Zeitkonstante in Sekund	0,0045	0,0048

Einschwingzeit in Sekund	0,0176	0,0189

Das Testmodell *R_INTRA3* beschreibt die Zusammensetzung des Hoch- und Niederspannungsnetzes mit dem Mittelspannungsnetz. Das PN-Diagramm in Abb. A 6. zeigt die Auswirkung aller Netzanteile auf das dynamische Verhalten.

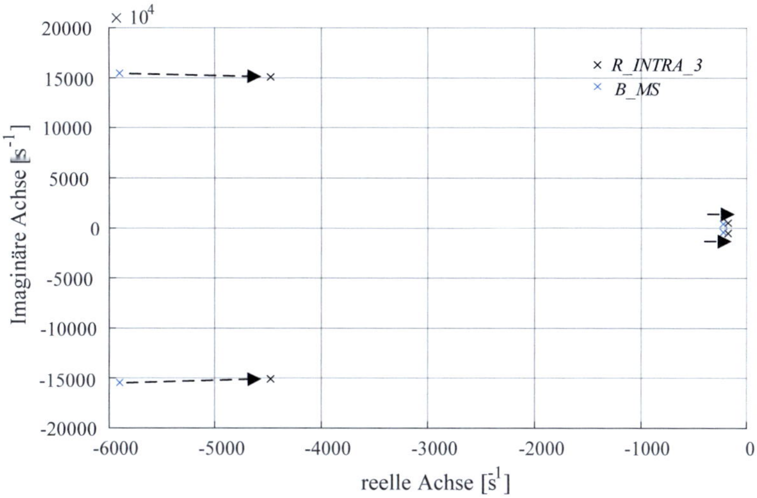

Abb. A 6: PN-Diagramme von Testmodell B_INTRA3 und von Testmodell B_MS

Es ist erkennbar, dass beide Polpaare deutlich in Richtung der imaginären Achse wandern. Ebenfalls anzumerken ist, dass der Imaginärteil des dominanten Polpaars steigt. Dies war so nicht zu erwarten, da bei der Kombination *R_INTRA1* der Imaginärteil nahezu konstant bleibt und bei der Kombination *R_INTRA2* der Imaginärteil sogar fällt.

Tab. A 3: Systemeigenschaften Testmodell B_MS und Testmodell B_INTRA3

	Testmodell *B_MS*	Testmodell *R_INTRA3*
Realteil	-221,9	-177,5
Imaginärteil	400,6	489,1
Dämpfungsgrad ζ	0,48	0,34
Schwingungsfrequenz in Hz	63,75	77,84
Überschwingung in %	17,55%	31,98%
Zeitkonstante in Sekund	0,0045	0,0056

Einschwingzeit in Sekund	0,0176	0,0220

Für weitere Untersuchungen wird der Pol mit positivem Imaginärteil des dominanten konjungiert komplexen Polpaars ausgewählt.

Anhang A.2 Modellparameter

Die Parameter der Stromrichter stellen sich wie folgt dar.

Tab. A 4: Parameter des Simulationsmodells

Parameter	Detailliertes Modell
Norm. Leistung und Frequenz [*S*(W), *f*(Hz)]	[5e6, 50]
Norm. Netzspannung U_{AC} (V)	20e3
Norm. DC-Spannung U_{DC} (V)	40e3
Zwischenkreiskapazität *C* (F)	$100e^{-6}$
Filterdrossel [*R*(Ω), *L*(H)]	[0,01 0,013]
U_{AC}-Regler [Kp, Ki]	------------------------
U_{DC}-Regler [Kp, Ki]	[0,14515 112,613]
Q-Regler [Kp, Ki]	[1 800]
I-Regler [Kp, Ki]	[0,0033 0,225]
PLL-Regler [Kp, Ki]	[50 10]

Anhang A.3 Ableitung der Zustandsdifferenzialgleichung des Normalbetriebs

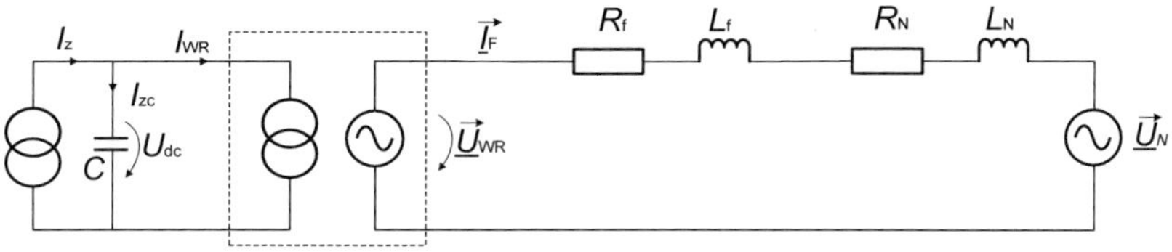

AC-seitig: $$\vec{\underline{U}}_{WR} = R\cdot\vec{\underline{I}}_f + L\cdot\dot{\vec{\underline{I}}}_f + \vec{\underline{U}}_N \quad \text{mit } L = L_f + L_N;\ R = R_f + R_N \tag{1}$$

DC-seitig: $$I_{WR} = I_Z - C\cdot\dot{U}_Z \tag{2}$$

mit
$$\vec{\underline{U}}_{WR} = |U_{WR}|e^{j(\omega t)} = U_\alpha + j\cdot U_ß$$
$$\vec{\underline{I}}_f = |I_f|e^{j(\omega t+\theta_i)} = I_{f\alpha} + j\cdot I_{fß}$$

Aus den vorliegenden Gleichungen ergibt sich:

$$\vec{\underline{U}}_{WRdq} = \vec{\underline{U}}_{WR}\cdot e^{-j(\omega t)} = U_d + j\cdot U_q \rightarrow \vec{\underline{U}}_{WR} = \vec{\underline{U}}_{WRdq}\cdot e^{j(\omega t)} \tag{3}$$
$$\vec{\underline{I}}_{fdq} = \vec{\underline{I}}_f\cdot e^{-j(\omega t)} = I_{fd} + j\cdot I_{fq} \rightarrow \vec{\underline{I}}_f = \vec{\underline{I}}_{fdq}\cdot e^{j(\omega t)}$$
$$\dot{\vec{\underline{I}}}_f = \frac{d\left(\vec{\underline{I}}_{fdq}\cdot e^{j(\omega t)}\right)}{dt} = \dot{\vec{\underline{I}}}_{fdq}\cdot e^{j(\omega t)} + \vec{\underline{I}}_{fdq}\cdot e^{j(\omega t)}\cdot(j\omega)$$
$$= e^{j(\omega t)}\cdot\left(\dot{\vec{\underline{I}}}_{fdq} + \vec{\underline{I}}_{fdq}\cdot j\omega\right)$$

Mit dem Einsatz der Gleichung (3) in (1) erhält man,

$$\vec{\underline{U}}_{WRdq}\cdot e^{j(\omega t)} = R\cdot\vec{\underline{I}}_{fdq}\cdot e^{j(\omega t)} + L\cdot e^{j(\omega t)}\cdot\left(\dot{\vec{\underline{I}}}_{fdq} + \vec{\underline{I}}_{fdq}\cdot j\omega\right) + \vec{\underline{U}}_N \tag{4}$$

Mit der Multiplikation der Terms $e^{-j(\omega t)}$:

$$\vec{\underline{U}}_{WRdq} = R\cdot\vec{\underline{I}}_{fdq}\cdot + L\cdot\left(\dot{\vec{\underline{I}}}_{fdq} + \vec{\underline{I}}_{fdq}\cdot j\omega\right) + \vec{\underline{U}}_N\cdot e^{-j(\omega t)} \tag{5}$$
$$\vec{\underline{U}}_{WRdq} = R\cdot\vec{\underline{I}}_{fdq}\cdot + L\cdot\left(\dot{\vec{\underline{I}}}_{fdq} + \vec{\underline{I}}_{fdq}\cdot j\omega\right) + \vec{\underline{U}}_{Ndq}$$

Daraus folgt:

$$\begin{bmatrix} U_{WRd} \\ U_{WRq} \end{bmatrix} = \begin{bmatrix} R & 0 \\ 0 & R \end{bmatrix}\begin{bmatrix} I_{fd} \\ I_{fq} \end{bmatrix} + L\frac{d}{dt}\begin{bmatrix} I_{fd} \\ I_{fq} \end{bmatrix} + L\begin{bmatrix} 0 & -\omega \\ \omega & 0 \end{bmatrix}\begin{bmatrix} I_{fd} \\ I_{fq} \end{bmatrix} \tag{6}$$

Die Differentialgleichungen der AC-Seite können umgeschrieben werden:

$$\begin{aligned} \dot{I_{fd}} &= \frac{1}{L}\left(-R\cdot I_{fd} + \omega L\cdot I_{fq} + U_{WRq} - U_{Nd}\right) \text{ mit } U_{WRd} = v_d\cdot\frac{U_{dc}}{2} \\ \dot{I_{fq}} &= \frac{1}{L}\left(-R\cdot I_{fd} + \omega L\cdot I_{fq} - U_{WRd} - U_{Nq}\right) \text{ mit } U_{WRd} = v_d\cdot\frac{U_{dc}}{2} \end{aligned} \tag{7}$$

Für DC-Seite stellt sich die Wirkleistungsbilanz wie folgt dar:

$$P_{\mathrm{DC}} = P_{\mathrm{AC}}$$
$$U_{\mathrm{dc}} \cdot I_{\mathrm{WR}} = \frac{3}{2} \cdot \left(U_{\mathrm{WRd}} \cdot I_{\mathrm{fd}} + U_{\mathrm{WRq}} \cdot I_{\mathrm{fq}}\right) \tag{8}$$

Durch Einsetzen von $U_{\mathrm{WRd}} = v_{\mathrm{d}} \cdot \frac{U_{\mathrm{dc}}}{2}$ und $U_{\mathrm{WRd}} = v_{\mathrm{d}} \cdot \frac{U_{\mathrm{dc}}}{2}$ ergibt sich:

$$P_{\mathrm{DC}} = P_{\mathrm{AC}}$$
$$I_{\mathrm{WR}} = \frac{3}{4} \cdot \left(v_{\mathrm{d}} \cdot I_{\mathrm{fd}} + v_{\mathrm{q}} \cdot I_{\mathrm{fq}}\right) \tag{9}$$

Die Differentialgleichung der DC-Seite lässt sich somit umschreiben:

$$I_{\mathrm{WR}} = I_{\mathrm{Z}} - \mathrm{C} \cdot \dot{U}_{\mathrm{dc}}$$
$$\dot{U}_{\mathrm{dc}} = \frac{1}{C} \cdot \left[I_{\mathrm{Z}} - \frac{3}{4} \cdot \left(v_{\mathrm{d}} \cdot I_{\mathrm{fd}} + v_{\mathrm{q}} \cdot I_{\mathrm{fq}}\right)\right] \tag{10}$$

Anhang A.4 Methodik zur Systemidentifikation

Für die Gewinnung von Informationen über die Struktur und dem entsprechenden Verhalten von Regelstrecken, hinsichtlich deren Übertragungsverhalten, Stabilität und Verhalten bei verschiedenen Anregungen bzw. Netzsituationen, steht zur Analyse der theoretische und der experimentelle respektive simulative Ansatz zur Verfügung. Die theoretische Analyse geht von den physikalischen Grundgleichungen der vorhandenen Regelstrecken aus. Zur dessen Anwendung ist es erforderlich Kenn- und Einflussgrößen sowie deren Interdependenzen exakt zu bestimmen, um eine geforderte Genauigkeit für die Untersuchung des Modells zu gewährleisten. Hierfür werden die einzelnen Parameter, Regelstrukturen und gegenseitigen Abhängigkeiten in einem mathematischen Modell zusammengeführt. Mit zunehmender Größe bzw. Umfang eines Modells, sprich wachsender Anzahl an Umrichtern oder verschiedener miteinander verbundener Netzteilabschnitte, wird der Grad bzw. Ordnung des Modells zunehmend erhöht. Dies führt zu einer Reduktion der Handhabbarkeit des Modells bzw. dazu, dass das Modell mit durch rechnergestützte Lösungsalgorithmen nicht gelöst werden kann. Dahingegen ist für die Anwendung der experimentellen Analyse keine genaue Kenntnis bzw. besteht nicht der Bedarf zur exakten Modellabbildung der vorliegenden Regelstrukturen, Einflussgrößen und Interdependenzen. Resultierend lassen sich die mathematischen Modelle vereinfacht mit einer niedrigeren Ordnung des Systems als im Vergleich zum wirklichen Modell der theoretischen Analyse darstellen. Die theoretische Analyse eignet sich daher vor allem für Modellbeschreibungen von kleinen Systemen, wie z.B. Microgrids mit lediglich einigen Umrichtern. Für die Analyse von größeren Netzausschnitten, wie z. B. parallelen Mittelspannungssträngen mit Umrichtern und weiteren Netzelementen, welche über einen Hochspanungstransformator an das überlagerte Netz angebunden sind, eignet sich dementsprechend das Verfahren zur experimentellen Analyse. Daher wird im Folgenden die Methodik zur experimentellen Analyse von Modellen, welche in dieser Arbeit einem Mittelspannungsnetz entspricht, weiterverfolgt. Hierbei wird zur Beschreibung des Übertragungsverhaltens eines Modells deren Regelstreckenverhalten aus dem mathematischen Zusammenhang zwischen Ausgangsverhalten von Modellgrößen in Bezug auf dessen Eingangsgrößen berechnet. Als Eingangsgrößen dienen Störgrößen, wie z. B. schnelle Lastsprünge und Einspeisungsveränderungen, welche zu Spannungsveränderungen führen können, oder Führungsgrößen, wie dem fahrplanmäßigen Anpassen der Energieerzeugung durch Einspeisevorrichtungen im elektrischen Energienetz, vgl. Abb. A 7.

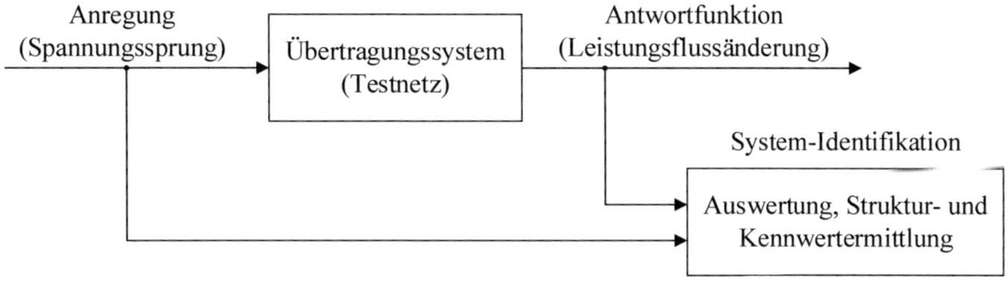

Abb. A 7: Verfahren zur Durchführung der Systemidentifikation

Als Anregung auf das Testsystem erfolgt hierbei ein Spannungssprung in Form eines ΔU am Hochspannungsknoten. Die Systemantwort des zu untersuchenden Netzes ist mittels der Leistungsflussänderung über den Knoten, an dem auch die Anregung erfolgt, zu identifizieren. Hierfür dienen einerseits die Wirkleistungsflussänderung ΔP bzw. die Blindleistungsflussänderung ΔQ. Im Folgenden wird die Wirkleistungsflussänderung als Antwortfunktion des Testsystems auf die Anregung der Spannungsänderung verwendet. Der Spannungssprung darf hierbei nicht mehr als 0,1*pu* sein, da dies sonst dem um den jeweiligen Arbeitspunkt linearisierten Kleinsignalmodell des Testnetzes zu einer unzureichenden Genauigkeit der Systemantwort führt, um das Übertragungsverhalten zu bestimmen. Bei Anregungen im Großsignalbereich, wie zum Beispiel einem Spannungssprung von 0,4*pu*, sind lediglich deren Zeitverläufe zur Systemanalyse zu verwenden. Das Übertragungsverhalten bzw. die Übertragungsfunktion des jeweiligen Systems bzw. Netzausschnittes ist von dessen Topologie, der angeschlossenen Umrichter bzw. Erzeuger, hinsichtlich deren Arbeitspunkte, und Lasten, der Umrichter-Reglerparametrierung und der Auslegung der Netzelemente wie Leiter und Transformator abhängig. Demnach besteht die Option zum Nachweis des Einflusses einzelner Netzelemente durch die gezielte Variation deren Parameter und der draus resultierenden Änderung auf das Übertragungsverhalten des Systems. Der Einfluss der Änderung wird hierbei vor allem durch den Einfluss auf die Lage der Eigenwerte der jeweiligen Übertragungsfunktionen deutlich. Für die Durchführung der experimentellen Analyse des Übertragungsverhaltens sind neben der Systemanregung und deren Antwort auch die Ordnung des zu schätzenden Übertragungsfunktion zu bestimmen, mit welchen eine möglichst genaue Annäherung erfolgen soll. Hierbei hat eine Übertragungsfunktion mit vier Polstellen und drei Nullstellen sich als verlässlich erwiesen. Als Berechnungsmethode zur Schätzung der Übertragungsfunktion wird die Methode der kleinsten Quadrate angewandt. Die Validität des Ergebnisses wurde durch einen entsprechenden Fit von über 95 % zur Schätzung der Übertragungsfunktion im Vergleich zu dcm tatsächlich gemessenen Systemverhalten bestätigt. Das Übertragungsverhalten ähnelt dem eines PT-Gliedes, sodass dies mit vier Polstellen und drei Nullstellen geschätzt wird. Für die Gewährleistung der Validität der Simulationsergebnisse wurde im vornherein eine Validierung des stationären Arbeitspunktes des Testsystems in Matlab/Simulink zu anderen Simulationsplattformen vorgenommen [151].

Zur Beurteilung des Einflusses einzelner Netzparameter können verschiedene Werte herangezogen werden. Hierfür stehen die absoluten Zahlen der Eigenwerte zur Verfügung. Diese können in Real- und Imaginäranteil zerlegt werden, mithilfe dessen auch jeweils die Änderung der Dämpfung, der natürlichen Winkelgeschwindigkeit, der natürlichen Winkelfrequenz, dass Überschwingungsverhalten der Übertragungsfunktion (dem Overshoot) -welche auch als Messparameter für das Systemverhalten geeignet sind- bestimmt werden können. Als Resultat der Verwendung des Phasormodells für den Modellierungsansatz des Testsystems sind die Ergebnisse der Untersuchung als Indiz in Form einer Trendanalyse zu erkennen, sodass diese nicht als allgemeingültiges Ergebnis, welche 1:1 auf die Realität angewandt werden können, zu verstehen sind. Dementsprechend ist vielmehr eine relative Gewichtung bzw. Vergleich des Einflusses der Parametervariation zur Bestimmung der Sensitivität des Systems durchzuführen, um eine Kategorisierung der einzelnen Ansatzpunkte für Parametervariationen zu erreichen.

Für die Untersuchung der Sensitivität der Leiter wird das Simulationssystem um $0{,}1\,pu$ angeregt. Die Simulationszeit beträgt 0,3s. Die Anregung des Systems erfolgt nach 0,1s, sodass sich das System zum Zeitpunkt der Anregung im stationären Zustand befindet. Je nach Testszenario wird eine Variation von Netzparametern, Umrichterparametern oder Anschluss von Verbrauchern einer Veränderung der Netztopologie vorgenommen. Der jeweilig zu variierendem Parameter bzw. Untersuchungsgegenstand wird in den jeweiligen Testszenarien explizit genannt. Zur Beurteilung der Stabilität sind die reellen Anteile der Eigenwerte, auch genannt Polstellen, von Bedeutung, welche für die Erfüllung der Systemstabilität negativ sein müssen. An dieser Stelle wird eine Analyse der Stabilität des Mittelspannungsteilnetzes hinsichtlich von Intranetzwechselwirkungen, bedingt durch den Einfluss von parallel betriebenem Umrichter, vorgenommen. Zur Untersuchung der Stabilität des Benchmark-Systems wird die analytischen Methoden nach dem Hurwitz-Kriterium angewandt. Hierbei wird eine Beurteilung der Stabilität im Laplace-Bildbereich mit Hilfe einer Eigenwertanalyse vorgenommen, wobei deren Ergebnisse einerseits graphisch in einem Polnullstellendiagramm veranschaulicht werden und andererseits auf eine Auswertung der relativen Bewegung der dominanten Polstellen zurückgegriffen wird. Es werden zudem auch weitere systemcharakteristische Kenndaten wie Dämpfungsverhalten, Überschwingungsverhalten und Einschwingzeit verwendet.

Anhang A.5 Herleitung des Impedance-Based-Stability-Criterion

An dieser Stelle wird Bezug auf die Herleitung des Impedance-Based-Stability-Criterion (IBSC) für die Beurteilung der Stabilität von am Energienetz angeschlossenen Umrichtern genommen [152]. Hierfür wird zwischen Umrichtern unterschieden, welche als Stromquelle und respektive als Spannungsquelle angeschlossen werden. Je nachdem ergeben sich verschiedene Ausformungen des IBSC. Zunächst wird die Herleitung für Umrichter im Spannungsquellenbetriebsmodus erläutert,

$$\mathrm{I}(s) = \frac{V_s(s)}{Z_l(s) + Z_o(s)} \tag{A1.1}$$

Formel A1.1 weist hierbei den Zusammenhang zwischen angeschlossener Spannungsquelle $V_s(s)$, der Netzimpedanz $Z_l(s)$ und der Outputimpedanz $Z_o(s)$ wie auch den daraus resultierenden Laststrom $\mathrm{I}(s)$ auf. Dieser Ausdruck wird zu Gleichung A1.2 umgeformt.

$$\mathrm{I}(s) = \frac{V_s(s)}{Z_l(s)} * \frac{1}{1 + \frac{Z_o(s)}{Z_l(s)}} \tag{A1.2}$$

Für die Analyse der Systemstabilität wird angenommen, dass die Spannungsquelle im unbelasteten Zustand stabil ist, wie auch dies für den der Laststrom bei einer idealen Quelle vorliegt. Demnach sind $V_s(s)$ und $\frac{1}{Z_l(s)}$ stabil.

$$\mathrm{H}(s) = \frac{1}{1 + \frac{Z_o(s)}{Z_l(s)}} \tag{A1.3}$$

Daher ist eine Stabilitätsuntersuchung gemäß dem Ausdruck $\mathrm{H}(s)$ der Gleichung A1.3 vorzunehmen. In Folge dessen hängt die Systemstabilität von dem Verhältnis $\frac{Z_o(s)}{Z_l(s)}$, der Outputimpedanz und der Lastimpedanz ab. Das zu untersuchende Netz ist demnach stabil, wenn das $\frac{Z_o(s)}{Z_l(s)}$ das Nyquist-Kriterium bei einer frequenzabhängigen Stabilitätsanalyse erfüllt, vereinfachend ausgedrückt muss, für den Fall der Vernachlässigung der Phasenverschiebung, die Outputimpedanz stets geringer als die Lastimpedanz sein. Die Reduktion der Gleichung A1.2 auf den Ausdruck von Gleichung A1.3 kann unter der Bedingung vorgenommen werden, dass Spannungsquellen im unbelasteten Zustand zumeist stabil agieren.

Folgend wird die Herleitung des IBSC für Umrichter im Stromrichterbetrieb eingegangen. Dies hat vor allem unter dem Aspekt, dass Umrichter in diesem Betriebsmodus als Einspeisungsquellen an das Energienetz angeschlossen werden, eine hohe Bedeutung.

$$\mathrm{V}(s) = \frac{I_s(s)}{Y_l(s) + Y_o(s)} \tag{A1.4}$$

Demnach ergibt sich die Gleichung nach Formel A1.4. Diese wird nach Gleichung A1.5 umgeformt.

$$\mathrm{V}(s) = \frac{I_s(s)}{Y_l(s)} * \frac{1}{1 + \frac{Y_o(s)}{Y_l(s)}} \tag{A1.5}$$

Aus Folge dessen ist das vorliegende System stabil, wenn die Stromquelle im ungeladenen Zustand stabil ist, die Last durch eine ideale Stromquelle gespeist wird wie auch $\frac{Y_o(s)}{Y_l(s)}$ das Verhältnis von Outputadmittanz und Lastadmittanz das Nyquist-Kriterium erfüllt. Letztere Bedingung ist stets erfüllt, wenn die Lastadmittanz größer als die Outputadmittanz ist, bei einer Vernachlässigung der Phasenverschiebung. Für eine weitere Vereinfachung der Gleichungen zur Stabilitätsanalyse von Umrichter betriebenen Netzen wird eine Umwandlung der Admittanzen aus Gleichung A1.5 in Impedanzen vorgenommen. Demnach ergibt sich Darstellung nach Gleichung A1.6.

$$\mathrm{V}(s) = I_s(s) * Z_l(s) * \frac{1}{1 + \frac{Z_l(s)}{Z_o(s)}} \tag{A1.6}$$

Als Resultat ist daher festzuhalten, dass bei Umrichtern im Stromquellenbetrieb eine möglichst große Outputimpedanz vorliegen muss. Dies entspricht dem Gegenteil des Betriebes von Umrichtern im Betriebsmodus als Spannungsquelle.

Anhang A.6 Kaskadierte Regle Parametrierung im einzelnen Umrichter

In diesem Abschnitt werden die fünf vorgenannten Methoden in Strom- und Spannungsregelkreis im Stromrichter eingestellt. Für die Kaskadenregelung werden immer zuerst die inneren Regelkreise (hier: Stromregelkreis) parametriert, und dann die Parameter der äußeren Regelkreise (hier: Spannungsregelkreis) werden eingestellt.

Für ZNS, CHR und SKO Methode sind die Übertragungsfunktionen von Prozess benötig.

- Prozess vom Stromregelkreis aus Abb. 2.3

$$
\begin{aligned}
G_{P_I} &= K_{sr\backslash\text{bullet}G_{S_I}\backslash\text{bullet}G_t} \\
&= K_{sr}\cdot\frac{K_{S_I}}{sT_{S_I}+1}\cdot\frac{1}{sT_t+1}
\end{aligned}
\tag{0.1}
$$

- Prozess vom Spannungsregelkreis aus Abb. 2.6

$$
\begin{aligned}
G_{P_U} &= G_{I'\backslash\text{bullet}K_{f\backslash\text{bullet}G_{S_U}}} \\
&= \frac{1}{sT_I+1}\backslash\text{bullet}K_f\cdot\frac{1}{sT_{S_U}}
\end{aligned}
\tag{0.2}
$$

Für BO und SO werden die Übertragungsfunktionen des offenen Stromregelkreises G_{0_I} (2.7) und vom offenen Spannungsregelkreis G_{0_U} (2.15) benötigt.

$$
\begin{aligned}
G_{0_I} &= G_{R_I\backslash\text{bullet}K_{sr\backslash\text{bullet}G_{S_I}\backslash\text{bullet}G_t}} \\
&= \frac{K_{R_I}(sT_{R_I}+1)}{sT_{R_I}}\backslash\text{bullet}K_{sr}\cdot\frac{K_{S_I}}{sT_{S_I}+1}\cdot\frac{1}{sT_t+1}
\end{aligned}
\tag{0.3}
$$

$$
\begin{aligned}
G_{0_U} &= G_{R_U\backslash\text{bullet}G_{I'\backslash\text{bullet}K_{f\backslash\text{bullet}G_{S_U}}}} \\
&= \frac{K_{R_U}(sT_{R_U}+1)}{sT_{R_U}}\cdot\frac{1}{sT_I+1}\backslash\text{bullet}K_f\cdot\frac{1}{sT_{S_U}}
\end{aligned}
\tag{0.4}
$$

Parametrierung der Stromregelung

ZNS und CHR-Methode sind zwei experimentelle Methoden. Für die beiden Methoden wird eine offene Schleife vom Stromprozess wie in Abb. A 8 a) gebaut, um die Regler Parameter einzustellen.

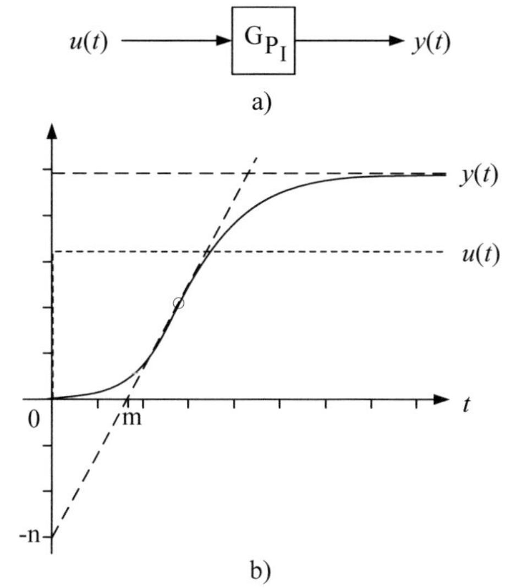

Abb. A 8: a) Offene Schleife des Stromprozesses b) Charakterisierung einer Sprungantwort

Die Messungen an der Sprungantwort $y(t)$ vom Stromprozess geben die Parameter m und n an. Die Stromreglerparameter können nun aus Tab. 2.1 für ZNS

$$\begin{cases} K_{R_{I_{ZNS}}} = 0{,}9/n_I \\ T_{R_{I_{ZNS}}} = 3m_I \end{cases} \tag{0.5}$$

und Tab. 2.2 für CHR Methode

$$\begin{cases} K_{R_{I_{CHR}}} = \dfrac{0{,}7}{n_I} \\ T_{R_{I_{CHR}}} = 2{,}3m_I \end{cases} \tag{0.6}$$

ermittelt werden. In dieser Arbeit werden die Regler Parameter aus der CHR-Methode optimiert für Störung mit 20 % Überschwingen aus Tab. 2.2 genommen, die Ursache liegt darin, dass die NP-Spannungen vom System den Einfluss als die Form von Störungen auf jede kaskadierte Regelung haben und die Netzspannung u_N ist das untersuchten Eingangssignal, dessen Änderung zu einer Änderung von u_{NP} führt.

Aus Kapitel 2.3.4 ist die gewünschte Formel der Schleifenübertragungsfunktion für BO

$$G_{BO} = \frac{1}{(Ts+1)} \cdot \frac{1}{2Ts} \tag{0.7}$$

Für den offenen Stromregelkreis G_{0_I} von (0.3)

$$\begin{aligned} G_{0_I} &= \frac{K_{R_I}(sT_{R_I}+1)}{sT_{R_I}} \bullet K_{sr} \cdot \frac{K_{S_I}}{sT_{S_I}+1} \cdot \frac{1}{sT_t+1} \\ &= \frac{K_{R_I} \bullet K_{S_I} \bullet K_{sr}}{sT_{R_I}} \cdot \frac{(sT_{R_I}+1)}{sT_{S_I}+1} \cdot \frac{1}{sT_t+1} \end{aligned} \tag{0.8}$$

wird die Parametrierung mit BO eingesetzt. Formel (0.8) zeigt, um die Funktionenordnung zu reduzieren und die größte Nennerzeitkonstante zu kompensieren, ist die Werte $T_{R_I} = T_{S_I}$ gleichzusetzen ($T_{S_I} > T_t$). Somit folgt:

$$G_{0_I} = \frac{K_{R_I}\bullet K_{S_I}\bullet K_{sr}}{sT_{R_I}} \cdot \frac{1}{sT_t + 1} \tag{0.9}$$

Durch Koeffizientenvergleich ergeben sich dann die Reglerparameter.

$$\begin{cases} K_{R_{IBO}} = \dfrac{T_{R_{IBO}}}{2T_t \cdot K_{S_I} \cdot K_{sr}} \\ T_{R_{IBO}} = T_{S_I} \end{cases} \tag{0.10}$$

Für SO ist

$$G_{SO} = \frac{1}{2T_0^2} \cdot \frac{1}{s^2} \cdot \frac{1 + 2T_0 s}{1 + \{(T\}_0/2)s} \tag{0.11}$$

die gewünschte Formel der Schleifenübertragungsfunktion. Um die Übertragungsfunktion des offenen Stromregelkreises G_{0_I} mit der gewünschten Übertragungsfunktion G_{SO} vergleichen lassen zu können, muss G_{0_I} in Näherung bestimmt werden. Wegen $T_{S_I}\gg T_t$ werden $\frac{1}{sT_{S_I}+1}$ durch $\frac{1}{sT_{S_I}}$ approximiert. In Abb. A 9 zeigt die blaue Linie das Amplitudengang Diagramm von der approximierten Übertragungsfunktion $G'_{P_{ISO}}$ auf.

$$G'_{P_{ISO}} = K_{sr} \cdot \frac{K_{S_I}}{sT_{S_I}} \cdot \frac{1}{sT_t + 1} \tag{0.12}$$

Unter Vergleich der Diagramme von originaler G_{P_I} und approximierter $G'_{P_{ISO}}$ in Abb. A 9 kann festgestellt werden, dass bei Frequenzen größer als 1 Hz beide Bode Diagramme sich überschneiden, d.h. die Annäherung der Übertragungsfunktion ist vernünftig.

Danach wird die approximierte G'_{0_I} bestimmt.

$$\begin{aligned} G'_{0_I} = G_{R_I \bullet G'_{P_{ISO}}} &= \frac{K_{R_I} \cdot (sT_{R_I} + 1)}{sT_{R_I}} \bullet K_{sr} \cdot \frac{K_{S_I}}{sT_{S_I}} \cdot \frac{1}{sT_t + 1} \\ &= \frac{K_{R_I}\bullet K_{S_I}\bullet K_{sr}}{T_{R_I}\bullet T_{S_I}} \cdot \frac{1}{s^2} \cdot \frac{sT_{R_I} + 1}{sT_t + 1} \end{aligned} \tag{0.13}$$

Durch den Vergleich der Formeln (0.3) und (0.13) wird erhalten:

$$\begin{cases} K_{R_{ISO}} = \dfrac{T_{R_{ISO}} \cdot T_{S_I}}{K_{S_I} \cdot K_{sr}} \cdot \dfrac{1}{2 \cdot 4{T_t}^2} \\ T_{R_{ISO}} = 4T_t \end{cases} \tag{0.14}$$

Bei SKO Methode wird zuerst die Übertragungsfunktion des Prozesses des Stromregelkreises G_{P_I} mit Halbregel durch

$$G'_{P_{ISKO}} = \frac{k_I}{sT_{1_I} + 1} e^{-\theta_I s} \tag{0.15}$$

mit $k_I = K_{sr\bullet K_{S_I}}$, $T_{1_I} = T_{S_I} + \frac{T_t}{2}$, $\theta_I = \frac{T_t}{2}$ approximiert. Da der Prozess $G'_{P_{ISKO}}$ eine Annäherung mit erster Ordnung plus Verzögerung ist, ergeben sich die folgenden Einstellungen:

$$\begin{cases} K_{R_{ISKO}} = \frac{T_{1_I}}{k_I \cdot 2\theta_I} = \frac{T_{S_I} + \frac{T_t}{2}}{K_{sr} \cdot K_{S_I} \cdot T_t} \\ T_{R_{ISKO}} = \min\{T_{1_I}, 8\theta_I\} = \min\left\{T_{S_I} + \frac{T_t}{2}, 4T_t\right\} \end{cases} \tag{0.16}$$

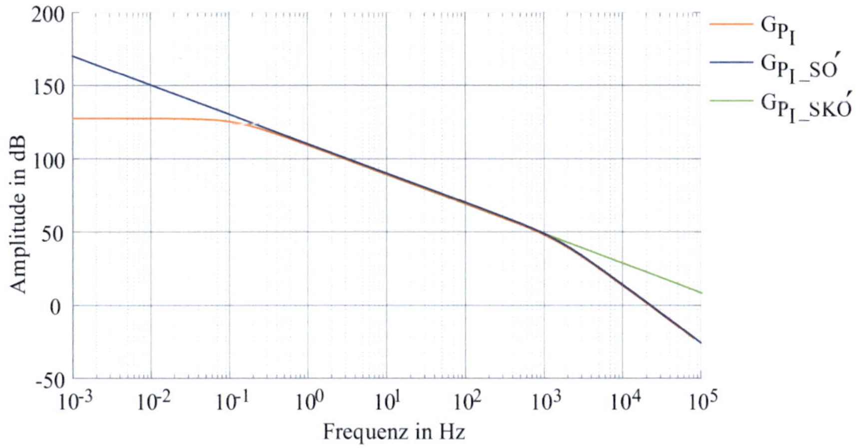

Abb. A 9: Bode Diagramm von G_{P_I} und G'_{P_I} unter SO und SKO

Unter Vergleich des Frequenzgangs von G_{P_I} mit der approximierten $G'_{P_{ISO}}$ und $G'_{P_{ISKO}}$ in Abb. A 9 kann erkennt werden, dass bei Frequenzen von 1 Hz bis 1000 Hz die Bode Diagramme sich überschneiden, und der dynamische Vorgang des Systems mit geschlossenem Regelkreis hängt hauptsächlich von dem Mittenband der logarithmischen Amplituden-Frequenz-Charakteristik ab, d.h. die Annäherungen der Übertragungsfunktion sind sinnvoll.

Zusammengefasst werden die Formeln der Reglerparameterseinstellung im Stromregelkreis in Tab. A 5 aufgezeigt.

Tab. A 5: Formel der Parametrierung des Stromreglers

Methoden	K_{R_I}	T_{R_I}
ZNS	$\frac{0,9}{n_I}$	$3m_I$
CHR	$\frac{0,7}{n_I}$	$2,3m_I$
BO	$\frac{T_{S_I}}{2T_{t\bullet K_{S_I}\bullet K_{sr}}}$	T_{S_I}
SO	$\frac{4T_{t\bullet T_{S_I}}}{K_{S_I\bullet K_{sr}}} \cdot \frac{1}{2 \cdot 4T_t^2}$	$4T_t$

SKO	$\frac{T_{S_I}+\frac{T_t}{2}}{K_{sr}\bullet K_{S_I}\bullet T_t}$	$\min\left\{T_{S_I}+\frac{T_t}{2},\ 4T_t\right\}$

Anhang A.7 Reglerparameter

Die Parameter des Stromreglers und Spannungsreglers werden in diesem Abschnitt bestimmt. Wie schon erwähnt werden zuerst die Parameter im Stromregler berechnet, danach werden die im Spannungsregler ausrechnet. Die Parameter von Modell, z.B. des Filters Induktivität L_f und Widerstand R_f, der Totzeit T_t, der Zeitkonstante im PT1-Glied vom Spannungsfilter T_{U_C}, des Verstärkungsfaktors K_{sr} und der Kapazität des Kondensators C_{zk}, der Spannung des Transformators $U_{T.n}$,werden aus Tab. A 6 gegeben.

Tab. A 6: Parameter von Modell

Parameter	L_f [H]	R_f [Ω]	T_t [s]	T_{U_C} [s]	U_{zk} [V]	C_{zk} [F]	$U_{T,n}$ [V]
Größe	0,013	0,01	$100\cdot 10^{-6}$	0,1	40000	$100\cdot 10^{-6}$	20000

- Stromreglerparameter

Aus der Gleichung $T_{S_I}=\frac{L_f}{R_f}$ und $K_{S_I}=\frac{1}{R_f}$ bekommt man

$$T_{S_I}=\frac{0{,}013}{0{,}01}=1{,}3 \qquad K_{S_I}=\frac{1}{0{,}01}=100$$

  - Verstärkungsfaktor

$$K_{sr}=\frac{U_{zk}}{2}=20000$$

Mit $\begin{cases} k_I = K_{sr}\cdot K_{S_I} = 20000\cdot 100 = 2\cdot 10^6 \\ T_{1_I} = T_{S_I}+\frac{T_t}{2} = 1{,}3+\frac{100\cdot 10^{-6}}{2} = 1{,}30005 \\ \theta_I = \frac{T_t}{2} = \frac{100\cdot 10^{-6}}{2} = 5\cdot 10^{-5} \end{cases}$ können die Parameter des Stromreglers berechnet.

$$\begin{cases} K_{R_{ISKO}} = \frac{T_{1_I}}{k_I\cdot 2\theta_I} = \frac{1{,}30005}{2\cdot 10^6\cdot 2\cdot 0{,}00005} = 0{,}0065 \\ T_{R_{ISKO}} = \min\{T_{1_I}, 8\theta_I\} = \min\{1{,}30005,\ 8\cdot 5\cdot 10^{-5}\} = 4\cdot 10^{-4} \end{cases}$$

- Spannungsreglerparameter

Die weitere Berechnung der Spannungsreglerparameter erfordert die Approximation des geschlossen inneren Kreis der Stromregelung, d.h. die Zeitkonstant T_I des approximierten PT1-Glieds von geschlossen Stromkreis wird benötigt. T_I wird aus dem Bodediagramm erhalten.

$$T_I = 1{,}35\cdot 10^{-4}$$

Die Parameter von Zeitkonstante der Strecke von Regelungskreises T_{S_U} und Verstärkung K_f werden auch benötigt.

$$T_{S_U} = C_{zk} = 100 \cdot 10^{-6}$$

Hier wird das System verbindet mit nur einem UR überleget. Die Spannung der Verknüpfungspunkt $|\underline{u}_{PCC}|$ wird nach der Leistungsflussberechnung bestimmt.

$$|\underline{u}_{PCC}| = 1{,}636 \cdot 10^4 \text{ V}$$

$$K_f = \frac{i_{zk}}{i_{dist}} = \frac{3}{2} \cdot \frac{|\underline{u}_{PCC}|}{U_{zk}} = \frac{3}{2} \cdot \frac{1{,}636 \cdot 10^4}{40000} = 0{,}6135$$

Dann können die Parameter des Spannungsreglers berechnet werden.

$$\begin{cases} K_{R_{U_{SO}}} = \dfrac{1}{2 \cdot 4T_I^{\,2}} \cdot \dfrac{4T_I \cdot T_{S_U}}{K_f} = \dfrac{4 \cdot 1{,}35 \cdot 10^{-4} \cdot}{2 \cdot 4 \cdot (1{,}35 \cdot 10^{-4})^2 \cdot 0{,}6135} = 0{,}6042 \\ T_{R_{I_{SO}}} = 4T_I = 4 \cdot 1{,}35 \cdot 10^{-4} = 5{,}4 \cdot 10^{-4} \end{cases}$$

.

7 Abkürzungsverzeichnis

BDEW	BDEW Bundesverband der Energie- und Wasserwirtschaft e.V.
BIO	Biomasse-/-gasanlage
Abb.	Abbildung
abc	Dreiphasengrößen mit den Phasen a, b und c
AC	Wechselstrom
AP	Anschlusspunkt
Cigré	Conseil International des Grands Réseaux Électriques
CIL	Constant Impedance Load
CPL	Constant Power Load
DC	Gleichstrom
DEA	Dezentrale Energieanlagen
DG	Distributed Generation
D-Glied	differenzierendes Glied
DP	Dynamischer Phasor
dq	Koordinatensystem, welches auf die rotierende Rotorachse bezogen ist
DRES	Decentralized Renewable Energy Source
DSM	Demand Side Management
EE	Erneuerbare Energien
EEG	Erneuerbare Energien Gesetz
EES	Elektrisches Energiesystem
EMT	Elektromagnetische Transiente
ENTSO-E	European Transmission System Operator - Electricity
ETG	Energietechnische Gesellschaft im VDE
FACDS	Flexible AC Distribution System
FACTS	Flexible AC Transmission System
GAS	Klär- und Deponiegas /-anlage
GCC	Grid connected Converter
HGÜ, HVDC	Hochspannungsgleichstromübertragung
HöS, EHV	Höchstspannung
HS	Hochspannung
Hz	Hertz
IBSC	Impedance-Based-Stability-Criterion
IEEE	Institute of Electrical and Electronics Engineers
IGBT	Bipolartransistor mit isoliertem Gate (eng. insulated-gate bipolar transistor)
I-Glied	integrierendes Glied
IKT, ICT	Informations- und Kommunikationstechnik

IM	Imaginärteil
KW	Kraftwerk
LEN	leistungselektronische Netzelemente
LTI	lineare zeitinvariante
MMC	Multi Modular Converter
MS, MV	Mittelspannung
MW	Megawatt
NE	Netzebene
NP	Netzverknüpfungspunkt
NS	Niederspannung
NS, LV	Niederspannung
OS	Oberschwingung
PBSC	Passivity-Based-Stability-Criterion
PCC	Point of Common Coupling, Netzanschlusspunkt
P-Glied	proportional Glied
PLL	Phase-Locked-Loop
PSS	Pendeldämpfungsgerät (engl. Power System Stabilizer)
pu	Hilfsmaßeinheit der elektrischen Energietechnik
PV	Photovoltaik

A. Formelverzeichnis

Notation

Die im Rahmen dieser Arbeit genutzte Notation wird im Folgenden exemplarisch am Buchstaben „a" beschrieben. Die Darstellung aller Variablen erfolgt anhand kursiver Buchstaben mit Serife (a). Eine Matrix wird mit einem fett geschriebenen unterstrichenen Großbuchstaben gekennzeichnet ($\underline{\boldsymbol{A}}$). Vektoren sind mittels eines fettgeschriebenen unterstrichenen Kleinbuchstabens dargestellt ($\underline{\boldsymbol{a}}$).

Formelzeichen

Δ	Abweichung (Delta)
Δi_{d}	Abweichung zwischen Soll- und Istwert der d-Komponente des Stromwertes in dq-Koordinaten
Δi_{dq}	Abweichung zwischen Soll- und Istwert des Stromwertes in dq-Koordinaten
Δi_{q}	Abweichung zwischen Soll- und Istwert der q-Komponente des Stromwertes in dq-Koordinaten
$cos\varphi$	Leistungsfaktor
$\mathrm{C_z}$	Zwischenkreiskapazität
d	Variationsschrittweite
e	Polradspannung in p.u.
f_{i}	Schwingungsfrequenz der Polstelle des Eigenwertes mit dem Index i
$G(\mathrm{s})$	Übertragungsfunktion im Bildbereich
I	komplexer Strom
I_{d}	Wirkstrom in dq
$i_{\mathrm{d(ist)}}$	Istwert der d-Komponente des Stromwertes in dq-Koordinaten
$i_{\mathrm{d(soll)}}$	Sollwert der d-Komponente des Stromwertes in dq-Koordinaten
$i_{\mathrm{dq(ist)}}$	Istwert des Stromwertes in dq-Koordinaten
$i_{\mathrm{dq(soll)}}$	Sollwert des Stromwertes in dq-Koordinaten
I_{F}	Filterstrom
I_{q}	Blindstrom in dq
$i_{\mathrm{q(ist)}}$	Istwert der q-Komponente des Stromwertes in dq-Koordinaten
$i_{\mathrm{q(soll)}}$	Sollwert der q-Komponente des Stromwertes in dq-Koordinaten
I_{UM}	Umrichterstrom
I_{z}	Zwischenkreisstrom
Izc	Strom der Zwischenkreiskapazität
k	Zeitschritt
K	Index des dynamischen Phasors
K_{I}	Parameter für I-Glied
K_{P}	Parameter für P-Glied
L_{f}	Filterinduktivität
L_{f}	Induktivitätswert des Filters

L_N	Netzinduktivität
M	Modulationssignal des Umrichters
m_{System}	Koeffizient der systemabhängigen Dämpfungskonstante
P	Wirkleistung
Q	Blindleistung
R	Wirkwiderstand
R_e	Realteil
R_f	Widerstandswert des Filters
R_N	Netzwiderstand
S	Scheinleistung
s	Operator im Bildbereich (Laplaceoperator)
s_i	Polstelle des Eigenwertes mit dem Index i
s_{oi}	Nullstelle des Eigenwertes mit dem Index i
t	Zeit
T_M	Transformationsmatrix für Modaltransformation
U_N	Netzspannung
$U(s)$	Ausgangsgröße im Bildbereich
U_{AC}	Wechselgrößen-Netzspannung
U_{dc}	Zwischenkreisspannung
U_k	Kommutierungsspannung
U_N	Netzspannung
v	Steuervektor
V	Modulationsgrad

Einheiten

A	Ampere, $[I]$ = A
D	Tag, $[t]$ = D
h	Stunde, $[t]$ = h
Hz	Hertz, $[f]$ = Hz
p.u.	per unit, Einheit für bezogene Größen
V	Volt, $[U]$ = V
VA	Voltampere, $[\underline{S}]$ = VA
VAr	Voltampere reaktiv, $[Q]$ = VAr
W	Watt, $[P]$ = W
Wh	Wattstunde, $[E]$ = Wh

B. Abbildungs- und Tabellenverzeichnis